体虚病后

※四种体虚知识
※病后饮食调理要点
※137道体虚病后的对症食疗方

康复菜

犀文圖書 编著

天津出版传媒集团

天津科技翻译出版有限公司

前言 | preface

体虚就是体质虚弱，指机体某些功能有所减退，不一定是患病，即我们经常说的"亚健康"。造成体虚的因素有千万种，而其症状也不尽相同。如果体虚者不及时补养、调理，任其进一步发展，不仅于健康不利，而且会诱发各种疾病，甚至危及生命安全。从中医来说，只要人体气血阴阳平衡，就是健康。气血不足的是虚弱，需补养，而多余的则是病邪，要祛除。这样才能达到平衡，恢复身体健康。

一些罹患疾病的人经过治疗，虽然外部症状基本消失，但引发疾病的深层原因依然存在，身体正处恢复期，疾病仍有可能反复发作。

怎样才能变虚弱体质为健康体质，使病后身体尽快完好恢复呢？面对这一问题的破解方法，可以说是众说纷纭，但饮食调理的作用毋庸置疑。实际上，饮食调理讲求的就是食疗效果。食疗不仅安全无毒无副作用，而且通过适当饮食或合理搭配食物，既达到防病治病效果，又达到长远养生目的。

《体虚病后康复菜》根据体虚和病后康复的饮食要求，从健康角度出发，介绍了气虚、血虚、阴虚、阳虚的特点、成因和调养方法及适宜食材，也对呼吸、消化系统疾病和妇科疾病及肝、胆、肾疾病等病后饮食调理进行了辅导，并有针对性地推荐了"益气康复菜"、"补血康复菜"、"滋阴康复菜"和"壮阳康复菜"，以帮助广大体虚者快速知道自己属于哪种体质，懂得按照身体情况进行对症饮食调理，使自己远离体虚，迅速康复身体，吃出好体质。全书共有137道菜例，详细介绍了每例菜的原料、做法和营养功效。

本书内容丰富，图文并茂，经济实用。菜谱食材常见易得，操作简单，一学就会。我们希望此书能给体虚病后之人带来很好的食疗效果，而且还能让他们享受到各色美食。

目录
contents

第一部分
益气康复菜

第二部分
补血康复菜

第三部分
滋阴康复菜

第四部分
壮阳康复菜

第一部分·

益气康复菜

气虚概述

　　气虚，泛指元气、宗气、卫气的虚损，以及气的推动、温煦、防御、固摄和气化功能的减退，从而导致机体的某些功能活动低下或衰退，抗病能力下降等衰弱的现象。气虚体质的人形体消瘦或偏胖，面色苍白，说话没劲，经常出虚汗，容易呼吸短促、疲乏无力，严重者还会出现气短懒言、咳喘无力、食少腹胀、大便溏泄、脱肛、子宫脱垂、心悸怔忡、精神疲惫、腰膝酸软、小便频多。男子会有滑精早泄，女子会有白带清稀等症状。

　　气虚体质的形成一般与先天禀赋有关，如母亲怀孕时营养不足，妊娠反应强烈持久不能进食，或父母有一方是气虚体质。人在大病、

久病过后，元气大伤，体质容易就此进入气虚状态。有些气虚体质的人是由于长期过度用脑，劳伤心脾所致。从事体力劳动的人或者职业运动员，时间长了会伤气。年轻时看上去很健壮，但是到了中老年以后，气虚体质会较为常见。女性长期节食会造成营养摄入不足，容易形成气虚。长期七情不畅、肝气郁结也很容易促生气虚体质，因为但凡肝气不舒畅，脾脏就会出问题，引起脾虚。需要重视的是，经常服用清热解毒败火的中药或抗生素、消炎镇痛药、激素，也会促生或加重气虚体质。

　　气藏于人的五脏，气虚在临床上包括以下五种：

　　肺气虚。人如果肺气虚，就会使人出现短气自汗、声音低怯、咳嗽气喘、胸闷，易感冒甚至水肿、小便不利等病证。

　　肾气虚。人如果肾气亏虚，就会出现神疲乏力、眩晕健忘、腰膝酸软、小便频而清、白带清稀、舌质淡、脉弱等症状。倘若肾不纳气，就会造成呼吸浅促，呼多吸少。

　　脾气虚。脾气虚的症状就是饮食减少、食后胃脘不舒、倦怠乏力、形体消瘦、大便溏薄、面色萎黄、舌淡苔薄、脉弱。

　　心气虚。如果心气亏虚，就不能鼓动血脉，亦不能养神，所以会出现心悸、气短、多汗的症状。如果劳动就会加重病症，使人神疲体倦、舌淡、脉虚无力。

　　肝气虚。即肝脏的精气虚损，兼见肝血不足，主要症状为面少华色、唇淡乏力、耳鸣失聪、容易恐惧等。

气虚体质的调养

1. 气虚的调养原则

气虚体质要缓补，不要峻补，应兼顾五脏之虚的宜忌原则。凡气虚之人，宜吃补气、性平味甘或甘温、营养丰富、容易消化的平补食品，忌吃破气耗气、生冷性凉、油腻厚味、辛辣的食物。太寒凉和过温热等食物都对气虚体质的人不利，因为太寒凉食物伤脾胃，过辛热食物易上火。

气虚者体能偏低，若过劳易耗气，因此不宜进行高强度运动，应当采用低强度、多次数的运动方式，适当增加锻炼次数，循序渐进，持之以恒。

气虚的人精神、情绪常处于低落状态，要让他们振奋起来，变得乐观、豁达、愉快。这样才有利于改善气虚状况，使身体尽快康复。此外，气虚者适应寒暑变化的能力较差，寒冷季节常感手脚不温，易感冒，因此，冬季一定要注意保暖，做到避寒就温。

2. 气虚者宜吃食物

粳米：性平，味甘，能补中益气。

牛肉：性平，味甘，有益气血、补脾胃、强筋骨的作用。

狗肉：性温，味咸，能补中益气，对脾虚或肾虚或肺虚或阳虚者更宜。

鸡肉：性温，味甘，有温中、益气、补精、养血的功效。无论气虚、血虚、肾虚，皆宜食之。民间对气虚之人，有食用黄芪煨老母鸡的习惯，更能增加补气作用。

鲢鱼：性温，味甘，能入脾肺而补气。

鳝鱼：性温，味甘，有补虚损、益气力、强筋骨的作用，气虚者宜常食之。

鳜鱼：俗称桂鱼，可以补气血，益脾胃。

大枣：性温，味甘，为常食之物，有益气补血的功效，历代医家常用之于气虚病人。

樱桃：性温，味甘，既能补气补血，又能补脾补肾。

葡萄：性平，味甘酸，是一种补气血果品，除有益气作用外，还有健脾胃、益肝肾、强筋骨的作用。

此外，气虚者还宜食用花生、山药、燕窝、人参、黄芪、紫河车、糯米、粟米、玉米、青稞、番薯、南瓜、白扁豆、黄豆、牛肚、乌骨鸡肉、鹅肉、兔肉、鹌鹑肉、青鱼、鱿鱼、章鱼、熟菱、海松子、胡萝卜、豆腐、豆浆、马铃薯、香蕈、草菇、平菇、蜂王浆、红糖、白木耳、白术、甘草等。

3. 气虚者忌吃食物

山楂、佛手柑、槟榔、大蒜、萝卜缨、芫荽、胡椒、荜拨、紫苏叶、薄荷、荞麦、柚子、柑、橘子、橙子、荸荠、生萝卜、地骷髅、芥菜、薤白、君达菜、砂仁、菊花、茶、烟、酒等。

呼吸、消化系统疾病的病后饮食

1. 感冒

感冒分风寒感冒和风热感冒。风寒感冒者多出现浑身酸痛、鼻塞流涕、咳嗽有痰等症状，应多吃温热性或平性食物。风热感冒以发热重、恶寒轻、头痛等表现为多，宜吃一些寒凉食物。感冒后可以多喝白开水，也可适当加些盐，但切不能喝凉水。同时，可以喝白菜萝卜汤、苹果蜂蜜水、姜丝萝卜汤、葱蒜粥、橘皮冰糖饮料等。

2. 支气管炎

支气管炎尤其是慢性支气管炎病程长，很难根治。饮食方面可以采用少食多餐的方法进行调理。同时可以选择一些具有健脾、补肾、益肺、理气、止咳、祛痰效果的食物，如梨、橘子、百合、莲子、白木耳、核桃、蜂蜜等来补充因患病损耗的能量。

3. 消化不良

应当以清淡为佳，多选择一些容易消化的食物，如软米饭、萝卜、菠菜、南瓜、豆腐、鸡蛋、白鱼肉、瘦肉等。对于熟食，当以清炒、清蒸、清炖的为主，食物需充分熟透。另外，所选择的食物最好是新鲜的，不新鲜或过期的不宜食用。

4. 恶心呕吐

对于恶心呕吐者来说，饮食要以清淡为主，多吃富含维生素的食物，如绿叶蔬菜、胡萝卜、西红柿、新鲜水果，也可多吃富含高蛋白的食物，如瘦肉、鸡蛋、鱼虾等，还可吃一些易消化的食物，如小米粥、大米粥等。烹饪时，当以植物油为主，多用炖、烩、蒸等方法。

5. 便秘

一般来说，便秘患者的饮食当以清淡为宜，所吃食物要易于消化，最好多吃水果、蔬菜、粗粮。晨起空腹饮温水 800~1000 毫升。养成定时排便习惯，这样可有效促进肠胃蠕动，促进身体正常排泄。

6. 腹泻

在腹泻已基本停止后，也就是恢复期，由于受损的身体和肠胃尚未康复，仍需调养。这时候的食物应以细、软、烂、少渣、易消化为宜，可以吃些淀粉类食物或富含维生素C的食物。需要注意的是，腹泻时不宜吃小白菜、韭菜、菠菜等，否则会引起肠源性发绀。

7. 胃溃疡

平时饮食要加强营养，多选用易消化、热量足够、蛋白质和维生素丰富的食物，如稀饭、细面条、软米饭、新鲜蔬菜、水果等。烹调时，应采用蒸、烧、炒、炖等方法，忌用煎、炸、烟熏，以利于溃疡面的愈合。要定时、定量进食，吃饭时尽量做到细嚼慢咽，少说话。为避免患者大便干燥，平时也可以吃一些香蕉、蜂蜜等具有润肠功效的食物。

8. 胃炎

胃炎患者的饮食当以软、淡、素、鲜为宜，饮食要定时、定量，如果饭量较大，可采取少食多餐的方法。吃饭时要细嚼慢咽，所吃食物以温为宜，不可过冷也不可过热。患者可于三餐之间及睡前各加一次点心或水果，饭后不要急于散步，要稍事休息后再进行。

雪花鸡汤

原料 党参 150 克，红枣 15 克，淮山 20 克，薏仁 100 克，母鸡 1 只，生姜、葱白各适量

制作步骤

1. 党参、淮山洗净切段，放入纱布袋内。红枣、薏仁洗净另装袋。

2. 母鸡宰杀洗干净，剁块，放入锅内，加入适量清水，再放入装有党参、淮山和红枣、薏仁的纱布袋及生姜、葱白，用大火煮沸，改小火炖 3 小时左右。

3. 捞出纱布袋，保留原汤，用盐调味即成。

○ 营养功效

党参含有维生素 A、维生素 C、维生素 E、钾、钙、磷、锰、铜、镁等元素，具有补气健体的作用。此汤非常适合倦怠乏力、精神不振患者食用，对气虚体质有很好的改善功能。

小贴士

此菜品应最后再用小火炖久一些，才能有效保证营养精华溶进汤内。淮山皮所含的皂角素或黏液里的植物碱，有的人接触会引起过敏而皮肤发痒，所以处理淮山时应避免直接接触。

5

老姜鸡

原料 鸡腿500克,木耳10克,姜片20克,
盐6克,红萝卜、味精各少许,食
用油、香油、水淀粉、鸡汤各适量

营养功效

木耳含糖类、蛋白质、脂肪、氨基酸、维生素和
矿物质,有益气、健身强智、止血止痛和活血等作用。
此菜有温中益气、补虚填精、健脾胃、活血脉、强筋
骨的功效,适用于虚损羸瘦、病后体弱乏力、脾胃虚弱、
食少反胃、腹泻、气血不足、头晕心悸、产后乳汁缺乏、
小便频数、遗精、耳鸣耳聋、月经不调、脾虚水肿等症。

制作步骤

1. 鸡腿洗净剁成块,用开水焯好。

2. 起锅放底油,投入鸡块煸炒,放木耳、
配料、鸡汤微火焖15分钟。

3. 水淀粉勾芡,淋明油、香油出锅。

小贴士

鲜木耳含有毒素,不可食用。温水中放入木耳,
然后再加两勺淀粉,之后进行搅拌,用这种方法可以
除去木耳细小的杂质和残留的沙粒。

枸杞莲子汤

原料 莲子 15 克，枸杞子 25 克，糖适量

制作步骤

1. 将莲子用温水泡软后剥去外皮，去莲心，再用温水洗两遍。枸杞子用冷水淘洗干净待用。
2. 往锅里注入适量清水，放入莲子、糖煮沸。
3. 10 分钟后，放入枸杞子，再煮 10 分钟即可。

○ **营养功效**

　　枸杞子含枸杞多糖，具有清心醒脾、补脾止泻、补中养神、健脾补胃、止泻固精、益肾涩精止带、滋补元气的效果，可治心烦失眠、脾虚久泻、大便溏泄、久痢、腰疼、男子遗精、妇人赤白带下、腰酸等症，特别适合产后体弱气虚者食用。食用此菜可强心安神、滋养补虚、益气壮体。

小贴士

　　莲子以个大、饱满、无皱为佳，因此，在挑选购买时应注意。中满痞胀及大便燥结者，不宜吃莲子。

五元全鸡

原料 净母鸡 1000 克，莲子 25 克，枸杞子、桂圆各 15 克，荔枝、黑枣各 10 克，冰糖 50 克，盐适量

制作步骤

1. 嫩母鸡去毛、内脏，冲洗干净，入锅以大火煮 3 分钟捞出。将桂圆、荔枝去壳。莲子去皮去心。黑枣、枸杞子分别洗净待用。

2. 将桂圆、荔枝、黑枣、莲子与鸡肉放入瓦钵内，加入冰糖、盐和 750 毫升清水，上笼蒸 2 小时。

3. 将枸杞子放入瓦钵再蒸 5 分钟，将肉鸡翻身，取出即可。

○ 营养功效

黑枣入脾胃经，含有丰富的维生素，有增强免疫力和滋补作用，并对咯血等病症有明显的疗效。枸杞子味甘甜，性平，具有滋肾、润肺、补肝之效。此菜有补中益气、养血、安神及明目的功效。

小贴士

五元全鸡是传统的药膳，又名五元神仙鸡。最早是由长沙著名的曲园酒楼所制。最初是采用全鸡加黄芪蒸制成，后改由荔枝、桂圆、莲子、枸杞子为原料，入钵加调味品蒸制，故称五元神仙鸡。

木耳猪腰汤

原料 猪腰2个，木耳30克，上汤、姜、葱、料酒、盐各适量

制作步骤

1. 猪腰切开去除中央白色物，切成片，洗净用盐搓匀，腌10分钟后，用水洗净，再将料酒淋上猪腰面，腌10分钟，待用。

2. 木耳用温水泡发，择蒂，洗净。将猪腰、木耳一同放入滚水中煮3分钟左右，原料全熟后捞出装碗。

3. 上汤加水煮滚，放入猪腰、木耳，加盐调味即可。

◯ 营养功效

猪腰是猪肾的俗称，含蛋白质、碳水化合物、钙、铁和磷等营养成分，有补养肝肾、强筋健骨的功效。此菜具有补肾气、通膀胱、消积滞、止消渴之功效，可用于治疗肾虚腰痛、水肿、耳聋等症。

小贴士

如猪腰泡过水后色泽发白、发胀，不宜再食用。血脂偏高、高胆固醇者忌食猪腰。

浓香鸡块

原料 母鸡1000克,香菇12克,料酒100毫升,姜、
酱油、香油各 15 克,糖、葱、蒜各 10 克

制作步骤

1. 将嫩母鸡宰杀、洗净、去骨,斩去头、爪、颈,
   剁成块。将鸡块放沸水中余一下,洗去血沫,
   沥干水。

2. 锅置火上,将鸡块放在炒锅内,加入料酒、酱油、
   糖和水,烧至鸡皮呈淡黄色,待用。

3. 备沙锅一只,锅底垫上姜片,放上葱白,将鸡
   块排摞于葱姜上面,盖上香菇及蒜,然后把炒
   锅内的余汁加上香油、糖,一并浇在鸡块上。

4. 盖上平盘一只,再盖上沙锅盖,用调湿的面粉
   密封锅盖四周的缝隙,放在小火上炖 1 小时。
   揭去锅内平盘即可。

○ 营养功效

香菇含有高蛋白、低脂肪、多糖和多种
氨基酸及多种维生素等,能提高机体免疫力。
此菜温中益气、补精,对气虚头晕、贫血、
白细胞减少、抵抗力下降、年老体弱、高脂
血、高血压、动脉硬化、糖尿病、肥胖症、
急慢性肝炎、脂肪肝、胆结石、便秘、小儿
麻疹透发、佝偻病、肾炎等症有非常好的食
疗效果。

小贴士

发好的香菇要放在冰箱里冷藏才不会
损失营养。香菇为动风食物,脾胃寒湿气滞
或皮肤瘙痒病患者忌食。

淮山鳖肉汤

原料 鳖1只（约重800克），枸杞子30克，
淮山30克，盐、葱段、姜片、猪油各
适量

制作步骤

1 将活鳖宰杀洗干净，放入热水中浸泡1小
时左右捞出，斩为8块。将淮山、枸杞子
洗净，待用。

2 将鳖块下沸水锅中焯去血水，捞出洗净。

3 锅中注入适量清水，加入鳖块、淮山、枸
杞子、盐、葱段、姜、猪油，煮至鳖肉熟
烂入味，拣去葱、姜出锅即可。

○ 营养功效

鳖肉蛋白质含量高，还含有维生素A、钙、
磷、镁等多种对身体有益的营养成分，具有滋
阴补虚、强健身体的作用。此汤滋阴凉血，可
治肝肾阴虚、头晕眼花、腰膝酸软、遗精、脾
虚气陷、脱肛、身倦乏力、月经量多色淡等症。

小贴士

甲鱼滋腻，多食败胃伤中，会导致消化不良，
所以不适合产后虚寒和脾胃弱、腹泻、感冒初
期或寒湿内盛者食用。鳖肉不宜与猪肉、兔肉、
鸭肉、鸡蛋、芥菜、薄荷同食。

黄豆焖鸡翅

原料 黄豆 50 克，水发冬菇 50 克，胡萝卜 50 克，鸡翅 300 克，葱、姜、盐各适量

制作步骤

1. 黄豆用清水泡 20 分钟左右。冬菇用清水洗净。鸡翅用姜汁、盐、葱等腌制入味。胡萝卜切成粒。

2. 黄豆、冬菇加葱、姜等调料煮熟，待用。

3. 锅中倒入油烧至八成热，下腌好的鸡翅，翻炒至变色，放入煮熟的黄豆和冬菇、胡萝卜及适量汤，改小火，一同焖至汁浓即可。

○ 营养功效

黄豆性平，味甘，含有丰富的蛋白质，可增强人体抵抗能力，也可为人体补充较丰富的钙，能利肝，具有补脾益气、消热解毒的功效，是比较理想的补虚食物。

小贴士

消化功能不良、胃脘胀痛、腹胀等慢性消化道疾病的人应尽量少食黄豆，主要是由于黄豆不易消化吸收，会产生大量的气体造成腹胀。

清炖鸡酥

原料 肉鸡 1500 克，五花肉 225 克，冬笋 10 克，火腿 10 克，香菇 15 克，大葱、姜各 30 克，料酒 25 毫升，盐 15 克，鸡油 15 毫升，鸡蛋清、水淀粉各适量

制作步骤

1. 肉鸡杀好，去翅尖、脚爪、腿骨、肋骨、大翅骨；鸡皮朝下，轻轻排剁。冬笋洗净，切片焯熟。葱洗净切末，姜去皮切末。火腿、香菇均切成小片。猪肉洗净剁碎，用葱、姜末、鸡蛋、盐拌匀，调成肉馅。

2. 鸡肉撒上干淀粉，抹上鸡蛋清，加上肉馅搅至黏合，上笼以旺火蒸 30 分钟。取出晾凉切块，加入盐、料酒、鸡蛋清，上笼以旺火蒸透取出。

3. 炒锅置于旺火上，下鸡清汤、火腿、冬菇、笋煮至收汁，调入水淀粉勾芡，除去葱、姜不用，加热鸡油后淋于鸡肉面上即可。

○ 营养功效

鸡肉含有维生素 C、维生素 E 等，蛋白质的含量比较高，而且消化率高，很容易被人体吸收，对营养不良、畏寒怕冷、乏力疲劳、月经不调、贫血、虚弱等有很好的食疗作用。此菜可温中益气、补虚填精、健脾胃、活血脉、强筋骨。

小贴士

五花肉（又称肋条肉、三层肉），位于猪的腹部。猪腹部脂肪组织很多，其中又夹带着骨肉组织，肥瘦间隔，所以称五花肉。五花肉含有较多脂肪，适量食用可使人丰体耐饥。

莲子猪心汤

原料 莲子30克,猪心250克,姜片、盐、酱油、味精各适量

制作步骤

1. 将猪心洗净切片,放入锅中。
2. 加入莲子、姜片,中火炖30分钟。
3. 加入盐、酱油、味精调味即可。

○ 营养功效

猪心含有丰富的蛋白质、钙、铁等成分,具有补虚、安神定惊、养心补血的功效,适宜心虚多汗、自汗、惊悸恍惚、怔忡、失眠多梦之人及精神分裂症、癫痫、癔病患者食用。

小贴士

猪心肉质特殊,不宜久煮,以免纤维老化嚼不动。

红枣粥

原料 大米 100 克，红枣 50 克，枸杞子
　　　15 克，糖适量

制作步骤

1 大米、枸杞子洗净。红枣去核切片。

2 将大米、枸杞子、红枣一起投入锅中，
　加水煲至浓稠。

3 加入糖调匀即可。

○ 营养功效

　　红枣富含钙和铁，有"天然维生素丸"之称，
有健脾益胃、益气养血、补虚健体的功效，能提
升身体的元气，增强免疫力，对胃胀、呕吐、腹泻、
倦怠无力、脾胃虚弱等症有食疗效果。

小贴士

　　红枣虽好，可常食用，但不可过量，吃多
了会引起胀气和消化不良。红枣糖分丰富，不
适合糖尿病患者吃。枣皮纤维含量很高，不容
易消化，吃时一定要充分咀嚼，不然会影响消化。

15

白菜烩牛肉

原料 牛肉250克，西红柿150克，大白菜
150克，料酒、盐、味精、猪油、葱、
生姜各适量

制作步骤

1. 将西红柿洗净，切成块。大白菜洗净切片
   待用。葱洗净切段。姜洗净切片。

2. 牛肉洗净，切成薄片，放入锅中，加清水
   适量。大火烧开，放入猪油、料酒、葱段、
   姜片。改小火煮。

3. 牛肉快熟时，再加入西红柿、大白菜片，
   炖至全部熟烂，再加盐、味精即可。

○ 营养功效

西红柿含有丰富的胡萝卜素、维生素C、
维生素E和B族维生素，具有健胃消食、生
津止渴的功效。牛肉含高蛋白，是滋补脾胃的
益气食材。食用此菜有补中益气、滋养脾胃、
强健筋骨、化痰息风、止渴止涎的效果，可治
中气下陷、气短体虚、筋骨酸软和贫血久病及
面黄目眩等。

小贴士

横着纤维纹路切牛肉，即顶着肌肉的纹
路切（又称为顶刀切），才能把筋切断，以便
于烹制成适口菜肴。

银杏莲肉炖乌鸡

原料 乌鸡1只，银杏6克，莲子20克，
姜、盐、味精各适量

制作步骤

1. 将乌鸡宰杀洗干净。银杏、莲子洗干净。生姜洗净去皮，切片。

2. 锅内倒入清水适量烧开，放入乌鸡、姜片稍煮片刻，去清血污，捞起。

3. 将乌鸡、银杏、莲子一起放入干净的炖盅内，注入清水炖2小时，加盐、味精即可。

○ 营养功效

乌鸡肉有"药鸡"之称，性平、味甘，有滋补肝肾、益气补血、滋阴清热、调经活血、止崩治带、治心腹痛的功效。莲子含有丰富的钙、铁和钾，具有补脾养心的功效，是老少皆宜的食品。此菜能治头晕目眩、病后虚弱、体质瘦弱、腰腿疼痛、脾虚腹泻、月经不调和遗精等症。

小贴士

乌鸡肉虽是补益佳品，但多食能生痰助火，生热动风，故体质肥及邪气亢盛、邪毒未清和患严重皮肤疾病者宜少食或忌食，患严重外感疾患时也不宜食用。

薏米淮山排骨汤

原料 薏米、玉竹、枸杞各 10 克，鲜淮山 60 克，排骨 500 克，料酒、盐各适量

制作步骤

1 薏米、玉竹、枸杞分别洗净，淮山去皮切片。排骨洗净斩块。

2 投排骨入锅内，用滚水烫去血水。

3 上述材料一同放入沙锅内，加料酒和适量水，小火煲 2 小时，加盐调味即可。

○ 营养功效

薏米味甘、淡，性微寒，有健脾利湿、温中散寒、补益气血的功效，可治胃寒疼痛、气血虚弱。此汤含多种氨基酸，既益气补虚，又能通经活络，对许多妇科疾病有很好的食疗作用，因此，此汤被称为"妇科专用汤"。

小贴士

阴亏血虚所致面无血色、面色晦暗的妇女也适宜饮用此汤。

蒸鹌鹑

原料 鹌鹑 3 只，姜、红枣、葱各少许，生抽、食用油、盐、味精、料酒、淀粉各适量

制作步骤

1. 鹌鹑杀好，洗干净，姜洗净切片，葱洗净切段。

2. 将所有材料放在碗中，拌匀，再放入适量淀粉拌匀。

3. 将拌匀的原料铺于碟中，放入蒸笼蒸约 10 分钟即可。

营养功效

鹌鹑肉含丰富蛋白质、铁、多种氨基酸等营养成分，并且其胆固醇含量低，脂肪含量也少，享有"动物人参"的美称，食之益气补中、强筋健骨，是气虚乏力者的理想滋补品。

小贴士

鹌鹑肉嫩味香，香而不腻，一向被列为野禽上品。早在我国春秋战国时期，鹌鹑肉就被作为名贵佳肴，出现在宫廷显贵的盛宴上。

红烧虾米豆腐

原料 豆腐300克，虾米100克，盐、糖、味精、香油、酱油、葱、姜、蒜末、水淀粉各适量

制作步骤

1. 将豆腐改刀成方丁，放入汤碗内用浅水浸，虾米用清水洗净后加入葱、姜，上蒸笼蒸10分钟捞出。

2. 炒锅加清水，放入豆腐和适量盐烧开后捞出。

3. 炒锅洗净加花生油烧热，用葱姜蒜末炝锅，倒入豆腐、虾米、高汤调味，然后用水淀粉勾芡，淋香油起锅即可。

○ 营养功效

虾含高蛋白、碳水化合物、钙、磷、铁、碘、硒、维生素A等成分，尤其是含有抗衰老的维生素E。此菜宽中益气、调和脾胃、消除胀满、通大肠浊气、清热散血，对体质虚弱、病后营养不良者有较好的滋补作用，也适合气血双亏、年老羸瘦、高脂血症、高胆固醇、肥胖及血管硬化、糖尿病人食用。

小贴士

做豆腐菜时，焯水必须凉水下锅，开水取出，适当加点盐，才能去豆腥味。嘌呤代谢失常的痛风患者及脾胃虚寒、腹泻便溏和血尿酸浓度增高的患者忌食豆腐。胃寒和脾虚的人也不适合多吃豆腐。

人参蒸鸡

原料 母鸡 1 只，人参、香菇各 15 克，笋干、火腿肉各 10 克，盐、味精、葱、姜片、鸡汤各适量

制作步骤

1. 母鸡宰杀好，去杂洗净，入沸水略氽，香菇、火腿、笋片切片待用。人参开水泡开。

2. 鸡、人参、香菇、火腿、笋干、葱、姜入盆，加盐、味精、鸡汤，上笼用大火蒸至鸡肉烂。

3. 装碟即可。

○ 营养功效

人参有"百草之王"的美誉，有大补元气、复脉固脱、补脾益肺、生津止渴、安神益智的功效，对劳伤虚损、食少、倦怠、反胃吐食、大便滑泄、虚咳喘促、自汗暴脱、惊悸、健忘、眩晕头痛、阳痿、尿频、消渴、妇女崩漏、小儿慢惊及久虚不复等症有效果。

小贴士

人参的蛋白质因子能抑制脂肪分解，加重血管壁脂质沉积，故有冠心病、高血压、脑血管硬化者慎用。服用人参后忌吃萝卜(含红萝卜、白萝卜和绿萝卜)和各种海味，忌饮茶。

归参鳝鱼

原料 鳝鱼丝 500 克，酱油、鲜汤各 30 毫升，
当归、党参各 15 克，糖 10 克

制作步骤

1 当归、党参入碗，注适量水，隔水蒸 20 分钟。

2 葱姜入油锅，煸出香味，倒鳝鱼丝煸炒，
加当归、党参、调料，炒匀，加鲜汤，小
火焖煮 5 分钟。

3 装碟即可。

○ 营养功效

鳝鱼含有丰富的蛋白质，有滋补气血、增
强体质的功效。此菜可益气血、补肝肾、强筋
骨、祛风湿，可治虚劳、疳积、阳痿、腰痛、
腰膝酸软、风寒温痹、虚劳咳嗽、湿热身痒、
产后淋漓、久痢脓血、痔瘘等症。

小贴士

小暑前后一个月的鳝鱼最为滋补味美，
常食鳝鱼，对女性身体尤其有益。鳝鱼不宜与
狗肉、狗血、南瓜、菠菜、红枣同食。

滑炒鱼丝

原料 活乌鱼1条，蛋清、笋尖、葱、食用油、
盐、味精、淀粉各适量

制作步骤

1. 乌鱼洗净，取肉切薄片，再切丝。笋尖、
葱洗净切成丝。

2. 乌鱼丝用蛋清、淀粉上浆。油入锅烧至六
成热，放乌鱼丝滑油捞起。

3. 锅留底油，放入葱丝、笋丝煸炒，加汤及
调味料，下鱼丝翻炒，淋油装盘即可。

○ 营养功效

乌鱼含有脂肪、烟酸等成分，有补脾利尿、
治疗面目水肿、补益中气等功效，适用于脾虚
水肿、脚气、小便不利、气血不足、经闭、久
患疮疥等症。

小贴士

乌鱼不但味道鲜美、营养丰富，而且全
身皆可入药。有些人会对乌鱼过敏，症状通
常为腹泻、呕吐、皮肤起疹，伴随腰酸背痛等，
因此，小孩、老人等抵抗力差的人群应当慎食。

枸杞党参乌鸡

原料 乌鸡1只，枸杞子、党参各15克，姜片、
葱段、盐、味精各适量

制作步骤

1 乌鸡宰杀去爪，去尾部，从背部剖开，去
内脏，清水洗净。枸杞子放清水浸泡洗净。
党参洗净切段。

2 锅置火上，放清水煮沸，放入乌鸡中小火
煮15分钟，捞出，鸡汤待用。乌鸡放清水
冲洗，同党参、枸杞子放入汤碗内。

3 倒入乌鸡汤，加姜片、葱段、盐入笼蒸30
分钟，撒味精后蒸5分钟即成。

○ 营养功效

此汤有舒筋活血、强筋壮骨、清心明目、
补中益气、健脾益肺、增白健美的功效，对体
虚血亏、肝肾不足、脾胃不健、脾肺虚弱、气
短心悸、食少便溏、虚喘咳嗽、内热消渴的人
有很好的补益作用。

小贴士

乌鸡肉与枸杞子搭配有滋补肝肾、延年
益寿的功效。感冒发热、咳嗽多痰或湿热内蕴
而见食少、腹胀、有急性菌痢肠炎者忌食乌鸡
肉。此外，体胖、患严重皮肤疾病者也不宜食用。

西洋参猪肉汤

原料 西洋参 10 克，猪瘦肉 50 克，桂圆肉、
　　枸杞子各 30 克，盐、味精、葱各适量

制作步骤

1 西洋参、猪瘦肉、桂圆肉、枸杞子分别洗净。
　猪瘦肉、西洋参切小片。

2 西洋参片、猪瘦肉片、桂圆肉、枸杞子同
　入沙锅，加适量水。

3 大火煮沸，转小火煮 3 小时，用盐、味精调味，
　撒上葱花即成。

○ 营养功效

　　西洋参与桂圆同食，是补气血、益脾脏的
佳品。此汤具有滋阴补气、宁神益智、清热生
津、降火消暑的功效，用于气虚阴亏、内热、
咳喘痰血、虚热烦倦、消渴、口燥咽干等。

小贴士

　　常服西洋参可抗心律失常、心肌缺血、
心肌氧化等症。西洋参的药性与人参有相似
之处，但并不相同。凡有肺阴不足之咳嗽喘促、
胃燥津伤的咽干口渴的人最适宜服用西洋参。

花生仁鹌鹑汤

原料 鹌鹑2只，花生60克，红豆50克，
　　　红枣6枚，蜜枣3枚，盐适量

制作步骤

1 红豆、花生仁、蜜枣洗净。

2 鹌鹑去毛、内脏，洗净，氽水。

3 将清水适量放入瓦煲内，加入以上用料，
　大火煲滚后，改用小火煲2小时，加盐调
　味即可。

○ 营养功效

　　鹌鹑肉的营养价值很高，其蛋白质的含量
远远高于其他肉类，而胆固醇含量很少，多种
维生素的含量比鸡肉高1~3倍。此汤有补虚
益气、清利湿热、温心美容的效果，适宜营养
不良、体虚乏力、贫血头晕、肾炎水肿、泻痢、
高血压、肥胖症、动脉硬化症等患者食用。

小贴士

　　鹌鹑肉可与补药之王人参相媲美，被誉
为"动物人参"。鹌鹑肉不宜与猪肉、猪肝、
蘑菇、木耳同食。

大枣煮猪蹄

原料 猪蹄 500 克，大红枣、花生仁各 30 克，
姜片、葱段、食用油、盐、味精、清汤
各适量

制作步骤

1 猪蹄洗净剁块。大红枣、花生仁用水泡透。

2 锅内加水适量，煮沸，放猪蹄，煮净血水，
倒出。

3 油入锅烧热，放姜片煸香，放入猪蹄块，
爆炒片刻，加入清汤、大红枣、花生仁、
葱段，中火煮至汤色变白，加盐、味精调
味即可。

○ 营养功效

猪蹄含有丰富的蛋白质、脂肪、碳水化合
物、维生素及钙、磷、铁等营养成分。此汤具
有补血益气、补虚填精、强身美容等功效，是
病后体虚的上佳滋补品。

小贴士

晚餐吃得太晚或临睡前不宜吃猪蹄，以免
增加血黏度。由于猪蹄含脂肪量高，胃肠消化
功能减弱的老年人每次不可食之过多。患肝病、
动脉硬化及高血压病的患者应少食或不食。

土豆焖鸡

原料 肥鸡500克，土豆250克，葱、姜、盐、酱油、糖、食用油各适量

制作步骤

1. 土豆去皮洗净，切块。肥鸡宰杀，去杂，洗净剁小块。

2. 锅内放油加热，下鸡块煸油，捞出。再加热油锅，放土豆炸至金黄捞起。

3. 锅底留油，放鸡块、土豆块，加酱油、盐糖、清水煮沸，转小火焖至熟烂即可。

○ 营养功效

土豆富含蛋白质、碳水化合物、钙、镁、钾等营养成分，有健脾和胃、益气调中、缓急止痛、通利大便的功效。此菜对脾胃虚弱、消化不良、肠胃不和、脘腹作痛、大便不畅的患者效果显著。

小贴士

土豆皮含有一种叫生物碱的有毒物质，人体摄入生物碱，会引起恶心、腹泻等中毒反应，因此食用时一定要去皮。此外，发了芽的土豆更有毒，食用时一定要把芽和芽根挖掉，并放入清水中浸泡，炖煮时宜用大火。

鱼头煮豆腐

原料 大鱼头1个,嫩豆腐2块,鲜菇10克,姜、
葱各10克,食用油30毫升,盐10克,
香油、味精各5毫升,清汤200毫升

制作步骤

1 大鱼头洗净斩件,豆腐切厚片,鲜菇、姜
洗净切片,葱洗净切段。

2 烧锅下油,放入大鱼头煎一下,放姜片。

3 加入清汤、鲜菇片煮约5分钟,再调入盐、
味精、豆腐片、葱段煮熟透,淋香油即成。

○ 营养功效

研究发现,豆腐和鱼搭配,具有营养互补、
益气补虚的作用。豆腐是食药兼备的食物,具
有益容颜、填骨髓、增力气等多方面功效。

小贴士

嫩豆腐一般指用石膏作凝固剂制成的含
水量较多的豆腐,其特点是质地细嫩,富有
弹性,含水量大,一般含水量85%~90%,蛋
白质含量5%以上。

山药烩鱼头

原料 山药 300 克，鲑鱼头半个，香菇 5 朵，葱 2 根，水淀粉、酱油、糖、醋各适量

制作步骤

1. 鲑鱼头洗净，拭干，用少许食用油两面略煎后盛出。香菇泡软，去梗，大的对切两半。山药去皮，切厚片。葱切小段。

2. 用 2 大匙油炒香菇，并放入鱼头，再加入调味料和 2 杯清水煮沸，改小火，加入山药同煮入味。

3. 待汤汁收至稍干时，加入葱段并淋少许水淀粉勾芡，然后盛出即成。

○ 营养功效

山药含有皂苷、黏液质、胆碱、淀粉、糖蛋白、自由氨基酸、多酚氧化酶、维生素 C 等营养成分。此菜具有很好的滋补作用，是病后补元气，促进健康的食补佳肴。

小贴士

除了鲑鱼头以外，也可以用其他海鱼头代替，体积大的可以用半个，但另半个要先煎过再冷冻保鲜。

冬菇蒸滑鸡

原料 鸡半只,干香菇100克,姜、葱、酱油、盐、
　　 鱼露、食用油、枸杞子、淀粉各适量

制作步骤

1. 鸡洗净切小块,香菇用水泡发后洗净,切块。
　 葱、姜洗净切丝待用。

2. 姜丝拌入鸡块,加入盐、酱油、鱼露、淀粉,
　 最后倒入量较多的食用油,腌制半小时。

3. 加入香菇、葱丝、枸杞子,上锅蒸10分钟
　 后盖上盖,焖两三分钟即可。

○ 营养功效

　　此菜可温中益气、补精添髓、补虚益智、
健脾胃、活血脉、强筋骨,适合畏寒怕冷、乏
力疲劳、月经不调、营养不良、气虚头晕、贫
血、高脂血症、高血压、动脉硬化、糖尿病、
肾炎等患者食用。

小贴士

　　香菇是世界第二大食用菌,素有"山珍"
之称。它是一种生长在木材上的真菌,味道
鲜美,营养丰富,是促使身体康复的上好滋
补品。香菇为动风食物,脾胃寒湿气滞或皮
肤瘙痒病患者忌食香菇。

猴头菇煨兔肉

原料 兔肉250克，猴头菇150克，葱段、姜丝、
食用油、盐、酱油、味精、香油各适量

制作步骤

1 将猴头菇放清水中浸泡1小时，捞出，挤
去水分，切成薄片。兔肉洗净后切片。

2 锅置火上，加油烧至八成热，加葱段、姜
丝煸炒出香，放入兔肉共炒片刻，加清水
小火煨至兔肉将烂时，放入猴头菇片，继
续煨炖30分钟。

3 加盐、酱油、味精等调料，拌炒均匀，淋
上香油即成。

○ 营养功效

吃兔肉可强身健体，但不会增肥，是肥胖
患者理想的肉食。另外，食兔肉还可防止有害
物质在体内沉积，助人延年益寿。此菜可滋阴
清肺、补中益气、防癌抗癌，对肥胖者和肝病、
心血管病、糖尿病患者有较好疗效。

小贴士

兔肉不能常吃，农历8～10月深秋可食，
余月食则伤人肾气，易损元阳。孕妇及阳虚、
小儿出痘者禁吃，脾胃虚寒、腹泻便溏者尽
量少吃。

翡翠鹅肉卷

原料 鹅肉400克，大白菜200克，盐、姜末、味精、香油、葱花、蛋清、鸡汤、水淀粉各适量

制作步骤

1. 鹅肉洗净血水，制成蓉，加盐、味精、香油、葱花、姜末、蛋清搅打上劲。白菜去帮留叶，洗净焯水。

2. 将调好的鹅肉蓉包入白菜内，入笼蒸30分钟取出。

3. 锅置火上，放入鸡汤，加盐、味精、香油调味，用水淀粉勾薄芡，浇在蒸好的白菜卷上即可。

○ 营养功效

鹅肉含有蛋白质、维生素A、B族维生素、烟酸、多种氨基酸等，且脂肪含量很低，有补阴益气、暖胃生津、祛风湿防衰老之效。此菜具有益气补虚、和胃止渴、止咳化痰、解铅毒等作用，适宜身体虚弱、气血不足、营养不良者食用，尤其对治疗感冒、急慢性气管炎、慢性肾炎、老年水肿、肺气肿、哮喘有良效。

小贴士

蒸制菜肴时，先开大火蒸，出气后改为中小火。温热内蕴、皮肤疮毒、瘙痒症、痼疾者忌食鹅肉。

三鲜鱿鱼汤

原料 鱿鱼 150 克，猪里脊肉 50 克，菜心 100 克，食用油、清汤各适量，大葱、生姜各 5 克，盐、味精、水淀粉各适量

制作步骤

1. 鱿鱼用碱水泡发 3 小时，洗净后切片。

2. 菜心洗净。猪里脊肉洗净切片。葱洗净切段。姜洗净切片。

3. 炒锅置大火上，加油，放入葱、姜煸炒出香味，然后加汤、鱿鱼、肉片、盐，煮沸后撇去浮沫，再加菜心、味精，待沸后即可起锅。

○ 营养功效

鱿鱼，具有补虚养气、滋阴养颜等功效。此外，鱿鱼还有助于肝脏的解毒、排毒。此汤具有养阴退热、补虚养气、滋阴养颜、排毒解毒的效果，适用于秋季肾精不足、肝血亏虚而致的腰痛头晕、下肢或颜面虚胖、手足心热等症，可预防老年痴呆症的发生。

小贴士

鱿鱼需煮熟、煮透后再食，因为鲜鱿鱼中有一种多肽成分，若未煮透就食用，会导致肠运动失调。鱿鱼含胆固醇较多，故高血脂、高胆固醇、动脉硬化等心血管病及肝病患者应慎食。

黄芪人参粥

原料 黄芪 30 克，人参 10 克，粳米 90 克，
　　　糖适量

制作步骤

1. 将黄芪、人参洗净切片，用冷水浸泡半个小时。

2. 将黄芪和人参入锅煮沸，煮出浓汁后将汁取出，再在人参、黄芪中加入冷水如上法再煎，并取汁。

3. 将上述药汁合并后分成两份，早晚各用一份，同大米加水煮粥，粥煮熟后加糖即可食用。

○ 营养功效

黄芪具有益气固表、利水消肿、托毒生肌的功效。此菜能补正气、疗虚损、抗衰老，对脾胃虚寒、慢性肠炎、胃炎、腹泻、体质虚弱等有疗效。

小贴士

黄芪能帮助身体关闭大门，不让病邪入侵。可是生病的时候吃黄芪，就会把病邪关在体内，无从排泄了，因此感冒、经期时不要吃黄芪。

胡萝卜豆腐丸

原料 胡萝卜、豆腐各 250 克，盐、姜、食用油、水淀粉各适量

制作步骤

1. 将胡萝卜洗净，剁成泥，与等量的豆腐混合后拌匀。
2. 再加上盐、姜、葱末、水淀粉，拌匀后制成小丸子。
3. 放入油锅炸熟后便可食用。

○ 营养功效

胡萝卜富含蛋白质、脂肪、碳水化合物、钙、磷、铁、胡萝卜素等元素，具有健脾和胃、补肝益肺、利尿解毒的功效。心脏病、中风、高血压、动脉粥样硬化、感冒、慢性气管炎、食积气滞、脘腹痞闷胀痛、急性菌痢等患者都非常适宜食用胡萝卜。

小贴士

胡萝卜不宜与白萝卜、人参、西洋参一同食用。不宜去皮食用，胡萝卜的营养精华就在表皮，洗胡萝卜时只需轻轻擦拭即可。

平菇鲫鱼

原料 鲜鲫鱼 300 克，鲜平菇 100 克，笋片 5 克，油菜心、葱、姜、清汤、食用油、大蒜片、盐各适量

制作步骤

1. 将鲫鱼宰杀洗净，入开水锅中烫过。鲜平菇洗净，撕成大片。葱、姜洗净切末。笋片、油菜洗净待用。

2. 锅内加食用油，烧至五成热时加葱末、姜末烹出香味，加入清汤、鲫鱼、平菇同炖。

3. 加盐、笋片，炖至鱼肉熟时，加油菜、大蒜片，盛入汤碟中即可。

○ 营养功效

鲫鱼可滋阴补虚，益气止痛。平菇性平，味甘，具有补虚、抗癌的功效。此菜具有健脾、开胃、益气、利水、通乳、除湿之功效，对腰腿疼痛、手足麻木、经络不适、慢性肾炎、水肿、肝硬化腹水、营养不良性水肿、脾胃虚弱等有疗效。

小贴士

鲫鱼不宜和大蒜、砂糖、芥菜、沙参、蜂蜜、猪肝、鸡肉、野鸡肉、鹿肉，以及中药麦冬、厚朴一同食用。感冒、发热期间也不宜多吃鲫鱼。

蒸鳜鱼

原料 鳜鱼 500 克，冬笋 40 克，火腿肠 30 克，
鲜香菇 50 克，香油 5 毫升，糖 2 克，
味精、姜各 3 克，大葱 5 克

制作步骤

1. 将鱼宰杀，去鳞、内脏及腮，洗净。大葱
   洗净切段。姜去皮洗净切片。香菇洗净待用。
   冬笋、火腿肠切片。

2. 将鱼装盘，加葱段、姜片、香菇、冬笋片、
   火腿肠片、糖、盐、味精。

3. 上锅大火蒸 15 分钟，淋入香油即可。

○ 营养功效

鳜鱼含有蛋白质、脂肪、少量维生素、钙、
硒等营养元素，肉质细嫩，极易消化。此菜具
有补气血、益脾胃的滋补功效，适宜体质衰弱、
虚劳羸瘦、脾胃气虚、饮食不香、营养不良者
食用。

小贴士

清蒸鱼时须注意水开后上锅，不可凉水
时上锅，否则，会影响鱼的口感。有哮喘、咯
血的病人不宜食用鳜鱼，寒湿盛者也不宜食用。

第二部分・

补血康复菜

血虚概述

血虚是指体内血液不足，肢体、脏腑、五官百脉失于濡养而出现的全身性衰弱的症候。造成血虚的因素很多，概括起来主要有以下3种。

1. 失血过多：因外伤失血过多、月经过多，或其他慢性失血皆可造成血虚证。由于出血过多，日久则导致瘀血内阻，脉络不通，一方面造成再出血，另一方面也影响新血的生成，继而加重血虚。

2. 饮食不节：暴饮暴食、饥饱不调、嗜食偏食、营养不良等原因，均可造成脾胃损伤，不能化生水谷精微，气血来源不足，最终导致血虚。

3. 慢性消耗：劳作过度、大病、久病消耗精气，或大汗、呕吐、下利等耗伤阳气阴液；劳力过度耗伤气血，久之则气虚血亏；劳心太过，使阴血暗耗、心血亏虚等，从而导致血虚。

血液是人体生命活动的重要物质基础，它含有人体所需要的各种营养物质，对全身各脏腑组织起着营养作用。血虚一般表现为：面色苍白、嘴唇和指甲淡白无华、头晕目眩、肢体麻木、筋脉痉挛、心悸怔忡、失眠多梦、皮肤干燥、头发枯焦，以及大便燥结、小便不利等，严重者还有少气懒言、语言低微、疲倦乏力、气短自汗等症状。

女子血液充盈，月经则按期而至；血液不足，经血乏源，就会经量减少，经色变淡，经期迁延，甚至造成闭经。血虚患者常见于年老体弱、久病、失血、脾胃虚弱、思虑过度、心脾两虚等人群中。

需要注意的是，血虚和贫血并非同一回事。

血虚的人不一定贫血，但贫血肯定存在血虚。有些人听到中医讲自己是"血虚"，便以为是患了西医所说的贫血症。实际上，这是两个完全不同的概念。西医所说的贫血，成年男性血红素在每百毫升12毫克、女性在每百毫升11毫克以上才算正常，不达到此标准的称为贫血。常见的贫血包括缺铁性贫血、自体免疫性贫血、恶性贫血、再生不良性贫血等。中医所说的"血虚"则是一系列症候群的概括，并不等于西医的某一种贫血。同时，在内、外、妇、儿各科病症中都可以见到血虚的症候。血虚所指的血，不仅代表西医的血液，还包括了高级神经系统的许多功能活动。

血虚体质的调养

1. 血虚的调养原则

在饮食上，血虚者要根据补血、养血和生血的原则，通过食物来调理脾胃。脾胃是气血生化之源，只有它们的功能正常了，才能保证血液正常生成。中医认为，南瓜味道甘甜，纤维素丰富，是温性食物，多吃可以调理脾胃、畅通肠道。平时要多吃补血养血的食物或补血药膳。要多吃红色和黑色食物，食用时要注意控制脂肪的摄入，因为油腻过多会影响营养成分的吸收。另外，要忌食辛辣刺激、过冷的食物也是体贴脾胃的重要方式。

在起居上，则要早睡，保证睡眠时间，以养肝血。由于肝藏血，人卧睡时，血就会归于肝脏，使肝气得养，所以血虚体质的人不管多难入睡，也要早些上床，以保证充足的睡眠，尽量不要迟于晚上 11 点睡觉。

在劳作上，血虚的人不宜过度劳累，凡事宜量力而行，以免耗伤气血。此外，传统中医学还认为"久视伤血"，所以血虚体质的人要注意眼睛的休息和保养，防止因为过度用眼而耗伤身体的气血。

2. 血虚者宜吃食物

菠菜、莲藕、黑木耳、鸡肉、猪肉、羊肉、海参、桑葚、葡萄、桂圆、红枣、红糖、红小豆、芝麻、乌鸡肉、熟地黄、白芍、当归、川芎、枸杞子、黄芪、胡桃肉、赤豆、玉米、紫米、黑血糯、黑米、高粱、糯米、小米、地瓜、芋头、土豆、黑豆、黄豆、羊肝、牛肉、牛肝、猪肝、猪蹄、猪血、鹅血、鲳鱼、黄鱼、鲍鱼、乌贼、

甲鱼、鹌鹑蛋、乌鸡蛋、鸡蛋、黄花菜、豌豆、甜豆、西红柿、芦笋、香菇、金针菇、荔枝、樱桃、何首乌、阿胶、紫河车、花生等。

3. 血虚体质忌吃食物

忌食辛辣刺激性食物如大蒜、辣椒、芥末等，少吃海藻、荷叶、菊花、槟榔、薄荷等食物。

血液、循环系统及心脑血管疾病的病后饮食

1. 高血压

日常饮食以清淡少盐为主，须严格控制脂肪、糖类的摄入量。

可食用有助于降血压的食物：豆类（大豆、红小豆、绿豆、蚕豆、豌豆等）、玉米、马铃薯、芋头、竹笋、苋菜、香菇、花生、核桃、杏仁、香蕉、豆芽、荠菜、菠菜、桂圆、奶和奶制品等。

2. 胆固醇升高

饮食以清淡、低热量、低胆固醇、低饱和脂肪酸食物为主，如去皮鸡肉、清蒸鱼等。烹调上多用蒸、炖，少用炸、烤。另外，可多吃一些高淀粉、高纤维的食物，如面包、馒头、水果、蔬菜，也可适当增加一些可溶性纤维素食物，如燕麦、干豌豆等。

3. 低血糖症

可采用少食多餐的方法，要定时定量饮食，宜多吃高脂、高蛋白、高纤维食物，严格限制单糖类摄取量，要尽量少吃精制及加工产品、精制面粉、汽水、盐，禁烟酒及含酒精的饮料。

4. 动脉粥样硬化

饮食以清淡为主，少食肥肉、猪油、奶油等动物油，控制动物脂肪的摄入。可多吃鱼类、植物油、豆制品等。烹调上宜用蒸、煮、炖、清炒、熘、温拌、熬，少用煎、炸、爆炒、油淋、烤等方法。另外，少吃甜食，少喝含糖饮料，多吃蔬菜、水果。

5. 中风

可吃富含维生素、矿物质、蛋白质的食物，如新鲜蔬菜、猪肉、牛肉、鱼等，少吃含脂肪、糖类的食物，如动物内脏、蛋等，严禁烟酒，忌吃难消化食物，少喝饮料、果汁、咖啡。食物以清淡为主，应定时定量进餐。

6. 静脉曲张

饮食以清淡、易消化为主，宜吃高纤维、低脂肪、低热量、富含营养的食物，如绿色蔬菜、海带、水果、木耳、豆制品、瘦肉、鸡蛋等。同时，要严禁烟酒。

7. 心绞痛

饮食以清淡少盐为宜，多吃富含维生素、低热量、低脂肪、低胆固醇、易消化的食物，如蔬菜、水果等，要定量进食，不可吃太饱，忌吃油腻、难消化、辛辣、引起过敏的食物，忌喝酒、饮料、浓茶。

8. 心律失常

饮食宜清淡少盐，可多吃富含维生素、高蛋白的食物，如蔬菜、水果、鸡蛋，可增加高纤维食物的摄入量，可少食多餐，不宜吃太饱，忌烟酒和辛辣食物。

9. 冠心病

饮食当以清淡为主，宜多吃富含维生素、纤维素的食物，增加钾、镁、钙微量元素的摄入量，控制食盐、脂肪、糖类的摄入。烹调宜用植物油，禁用动物油。

黑糯米粥

原料 黑糯米 100 克，核桃仁 20 克，芝麻 10 克，蜂蜜、桂花糖各适量

制作步骤

1 黑糯米淘净。核桃仁洗净，待用。

2 将黑糯米放入锅中，加清水适量，用大火煮沸，再改小火煮至米烂。

3 加入芝麻、核桃仁稍煮，再加蜂蜜、桂花糖即可。

○ 营养功效

黑糯米富含钙、磷、铁、维生素 B_1 等成分，是血虚患者的上佳滋补品。此粥具有补血益气、健脾养胃、止虚汗之功效，对慢性病患者、恢复期病人、孕妇、幼儿、体虚便秘者都有食疗作用。

小贴士

将核桃上蒸笼，用大火蒸 8 分钟取出，立即倒入冷水中浸泡 3 分钟，捞出后逐个破壳后即可取出完整核桃仁。

菠菜炒鱼肚

原料 干鱼肚 50 克，菠菜 150 克，胡萝卜 120 克，生姜、食用油、盐、味精、蚝油、糖、水淀粉、鸡汤、熟鸡油各适量

制作步骤

1 干鱼肚用温水泡透切片。胡萝卜、生姜去皮洗净切片。菠菜洗净待用。

2 锅中倒油烧热，放入菠菜，加盐、味精翻炒 3 分钟左右，起锅装入盘中。

3 再将油倒入锅中烧热，放入姜片、鱼肚、胡萝卜片炝锅，放盐、味精、糖、鸡汤煨一下，然后用水淀粉勾芡，淋入熟鸡油，浇在菠菜上即可。

○ 营养功效

菠菜含有铁质和钙，与鱼肚搭配，具有补血止血的作用，对产后或病后体虚贫血和牙龈出血有较好食疗效果，同时对便秘和痔疮也有一定功效。

小贴士

菠菜不能和豆腐在一起吃，因为菠菜含有大量的草酸，而豆腐则含有钙离子，一旦草酸和豆腐里的钙质结合，就会引起结石，还会影响钙的吸收。

四物乌骨鸡

原料 乌骨鸡半只，熟地 15 克，白芍 10 克，
川芎 5 克，生姜、葱段各适量

制作步骤

1 将乌鸡宰杀洗净，剁块。

2 锅中注清水适量，放入鸡块、熟地、白芍、
川芎一起煮至熟。

3 最后加入生姜、葱段即可。

○ 营养功效

乌骨鸡也叫乌鸡，含有丰富的蛋白质、B
族维生素、磷、铁、钾、钠等营养成分，具有
养血补血、强筋健骨的功效，是血虚和病后体
弱者不可错过的滋补食材。

小贴士

此菜是以乌骨鸡为主料，配以《太平惠民和
剂局方》所载之补血代表方四物汤，经合理烹制
而成的一道佳菜，其补血、调血功能更加明显。

红枣北芪炖鲈鱼

原料 鲈鱼 1 条，北芪 25 克，红枣 4 枚，姜、盐各适量

制作步骤

1. 将鲈鱼宰杀洗干净，斩成两段，抹干。

2. 北芪洗净，红枣去核洗净。

3. 将鲈鱼、北芪、红枣、姜同放入炖盅内，注入开水，隔水炖 3 小时，加盐调味即可。

○ 营养功效

鲈鱼富含蛋白质、维生素 A、B 族维生素、钙、硒等元素，味道鲜美，营养高。此菜是健身补血、健脾养血、益脾胃、补肝肾的佳肴，十分适合产妇或体虚头晕者食用，对脾虚泻痢、消化不良、疳积、百日咳、水肿、筋骨萎弱、疮疡久治不愈等症有功效。

小贴士

鲈鱼是一种不会造成营养过剩而导致肥胖的食物，是补血益体和瘦身美体兼得的佳品。

红枣鸡蛋汤

原料 腐竹皮 100 克，红枣 5 枚，鸡蛋 1 个，冰糖适量

制作步骤

1 将腐竹皮洗净泡水至软。鸡蛋磕破搅匀待用。红枣洗净去核。

2 锅中注入清水适量，放入腐竹皮、红枣、冰糖，用小火煮 30 分钟。

3 再加入鸡蛋搅匀即可。

○ 营养功效

鸡蛋含有蛋白质、脂肪、卵磷脂、维生素和铁、钙、钾等人体所需的矿物质。此汤可促进食欲、补肺养血、滋阴润燥、补阴益血、除烦安神、补脾和胃，适用于眩晕、夜盲、病后体虚、营养不良、阴血不足、失眠烦躁、心悸、肺胃阴伤、失音咽痛或呕逆等症。

小贴士

在一般情况下，老年人每天吃 1～2 个鸡蛋比较好。青年和中年人每天吃 2 个鸡蛋比较合适。少年和儿童每天可吃 2～3 个。孕妇、产妇、乳母身体虚弱者以及手术后病人，每天可吃 3～4 个鸡蛋。

淮山羊肉汤

原料 羊肉 500 克，淮山 150 克，生姜、葱、
胡椒、盐各适量

制作步骤

1. 将羊肉洗净切成片。淮山洗净去皮切片。
   姜洗净后拍破。葱洗净待用。

2. 锅内放水，投入羊肉片，加姜烧滚，捞出
   羊肉片待用。

3. 淮山与羊肉一起放入锅内，注入清水适量，
   加生姜、葱、胡椒，先用大火烧沸后，撇
   去浮沫，改小火炖至熟烂。

○ 营养功效

羊肉较猪肉的肉质细嫩，较猪肉和牛肉的
脂肪、胆固醇含量都少，是一种很有益的肉类
食品。此汤补肾养脾、补血止虚、补体虚、祛
寒冷、益肾气、补形衰、开胃健力、助元阳等，
对肾虚腰疼、阳痿精衰、形瘦怕冷、病后虚寒
有疗效。

小贴士

生姜在此菜中可起到和胃、祛羊肉腥味的
作用。水肿、骨蒸、疟疾、外感、牙痛及一切
热性病症者禁食。红酒和羊肉一起会产生化学
反应，所以不能同食。

枸杞叶猪肝汤

原料 猪肝 200 克，枸杞叶 150 克，枸杞子
　　 10 克，姜片、香油、盐、淀粉各适量

制作步骤

1 将猪肝洗净后切片，用淀粉调匀。枸杞叶
　 洗净。

2 锅内加适量清水，烧滚，放猪肝片、枸杞子、
　 姜片，煮约 2 分钟。

3 放入枸杞叶、烧滚，调味即可。

○ 营养功效

　　枸杞叶具有滋补益精、祛风明目、清热
止咳的作用，能增强免疫力和抵抗力。猪肝
能补肝明目、养血，适宜气血虚弱、面色姜黄、
缺铁性贫血者食用，也适宜肝血不足所致的
视物模糊不清、夜盲、眼干燥症、小儿麻疹
病后角膜软化症等眼病者及癌症患者放疗、
化疗后食用。

小贴士

　　猪肝的胆固醇含量较高，所以高胆固醇
血症、肝病、高血压和冠心病患者不宜吃猪肝。

菠菜生姜鱼头汤

原料 菠菜500克,生姜3片,大鱼头1个,
瘦肉150克,盐适量,味精1克

营养功效

　　菠菜含丰富的维生素A、维生素C及矿物质,尤其维生素A、维生素C含量是所有蔬菜类之冠,铁的含量也比其他蔬菜为多。此菜营养丰富,味道鲜美,有祛风明目、通关开窍、利胃肠、养血、止血、润燥的功效,对胃肠障碍、便秘、痛风、皮肤病、各种神经疾病、贫血有特殊食疗效果。

制作步骤

1. 菠菜洗净,切成段。生姜洗净并切片,备用。

2. 瘦肉洗净,切成片。鱼头一开为二。

3. 将上述材料放入煲内加水煮约1小时,调味即成。

小贴士

　　在做菠菜前,需用开水烫一下,这样能除去80%的草酸,做出的汤的味道和营养更佳。患有尿路结石、肠胃虚寒、大便溏薄、脾胃虚弱、肾功能虚弱、肾炎和肾结石等病症者忌食菠菜。

猴头菇炖海参

原料 猴头菇200克,水发海参200克,姜片、
葱末少许,盐、糖、味精、淀粉各适量

制作步骤

1 将猴头菇去杂后洗净,切成5厘米长、1厘
米宽的片。

2 将海参洗净,入沸水锅汆后取出,放入炖
盅内,加水适量,倒入猴头菇,加姜片、
葱末、盐、糖,煨炖1小时。

3 再加味精及淀粉适量,调匀后煮沸即成。

○ 营养功效

海参是一种高蛋白、低脂肪、低胆固醇的
食物,能补肾养胃、滋阴壮阳、补血润燥。猴
头菇是名副其实的高蛋白、低脂肪食品,具有
健胃、补虚、抗癌、益肾精之功效。多吃此菜
可增强体质,快速恢复体能和体力,对心血管
疾病、胃肠病的患者很有食疗作用。

小贴士

猴头菇是我国著名的食用真菌,素有"蘑
菇之王"的美称,与熊掌、燕窝、鱼翅并列为
四大名菜,自古以来被誉为"山珍"。

玫瑰南瓜盅

原料 老南瓜 1 个，玫瑰花 10 克，豆沙、糯米、冰糖、香油各适量

制作步骤

1 将南瓜洗净，从顶部切开 1 个小盖，挖去瓜瓤。

2 将糯米淘洗干净，用水浸透。

3 再把糯米、豆沙、冰糖、玫瑰花、香油拌匀，填入南瓜肚内，盖上盖蒂，放入蒸笼蒸软，即可当点心食用。

○ 营养功效

南瓜含有淀粉、蛋白质、胡萝卜素、维生素 B、维生素 C 和钙、磷等成分，有补血益气、降血脂、降血糖、清热解毒、保护胃黏膜、帮助消化的功效。此菜可疏肝健脾，养血美容，适用于脾虚弱、营养不良、肺痈等症。

小贴士

南瓜盅内不必另加水，蒸后的南瓜汁才会更香。南瓜性温，故胃热盛者少食；南瓜性偏壅滞，故气滞中满者慎食。南瓜系发物，服用中药期间不宜食用。

红烧鲳鱼

原料 鲳鱼1条，香菇3只，干红辣椒、姜片、
　　葱段、盐、料酒、糖、醋、酱油、葱花、
　　蒜各少许

制作步骤

1 鲳鱼洗净。香菇泡软洗净，去蒂，对切成
　 两半。笋洗净，切丁。干红辣椒洗净去蒂
　 及籽，切小片。

2 锅置火上，放油烧至五六成热，将鲳鱼放
　 入略炸，捞出备用。

3 锅中留底油，放入姜片、蒜瓣、葱段、干
　 红辣椒炝锅，出香后加入盐、酱油、料酒、糖、
　 醋和适量水，大火烧开，下入炸过的鲳鱼、
　 香菇、笋丁，小火焖熟，出锅前撒上葱花
　 即可。

○ 营养功效

　　鲳鱼含有丰富的蛋白质和多种矿物质，有
补血养血、补胃充精的效果，对消化不良、脾
虚泄泻、贫血、筋骨酸痛等有食疗作用，还可
用于小儿久病体虚、气血不足、倦怠乏力、食
欲缺乏等症。

小贴士

　　待锅内油热后放入鲳鱼炸，这样鱼皮不
会粘在锅底。鲳鱼属海鲜发物，瘙痒性皮肤病
患者忌食。

平菇羊血汤

原料 羊血块200克，鲜平菇150克，葱花、姜末、青蒜细末各少许，食用油、盐、味精各适量

制作步骤

1. 将平菇择洗干净，并将大的纵剖为二，同盛入碗中，备用。将羊血块洗净，入沸水锅汆透，取出，切成2厘米见方的块，待用。

2. 炒锅置火上，加植物油烧至六成热时，加葱花、姜末煸炒出香味，加鸡汤（或清水）适量，并加羊血块，大火煮沸，加平菇，拌和均匀，改用小火煨煮30分钟。

3. 加青蒜细末、盐、味精再煮至沸即可。

○ 营养功效

羊血富含水分及蛋白质，具有活血、补血的功效。此汤具有补虚、抗癌的功效，能改善人体新陈代谢，增强体质，适用于体弱者、更年期妇女、肝炎、消化系统疾病、软骨病、心血管疾病患者、尿道结石等症。

小贴士

购买平菇时，应该选择菇形整齐不坏、颜色正常、质地脆嫩而肥厚和气味纯正清香的。

鲳鱼补血汤

原料 鲳鱼 500 克，党参、当归、熟地、
山药各 15 克，盐适量

制作步骤

1. 鲳鱼宰杀去腮及内脏，洗净，斩成四大块。

2. 党参、当归、熟地、山药洗净，装入纱布袋内，并扎紧袋口，与鲳鱼一齐放入沙锅内。

3. 加清水适量，大火煮沸后，改用小火煲 1 小时，加盐调味即可。

○ 营养功效

当归具有补血、活血、调经止痛、润燥滑肠之功效。此菜益气补血、益脾养胃，用于脾胃虚弱、血虚诸证、月经不调、经闭、痛经、症瘕结聚、崩漏、虚寒腹痛、痿痹、肌肤麻木、肠燥便难、赤痢后重、痈疽疮疡、跌打损伤等症。

小贴士

鲳鱼与栗子搭配蒸煮进食，对筋骨酸痛、足软无力的人有补益。鲳鱼忌用动物油炸制，不要和羊肉同食。鲳鱼腹中鱼子有毒，能引发痢疾。

香芋焖鸭

原料 芋头1个，光鸭400克，冬菇10克，姜、葱段少许，食用油、盐、生抽、蚝油各适量

制作步骤

1. 芋头去皮，切成块。光鸭斩成块。冬菇浸发后切成片。

2. 锅内放油烧滚，投入芋头块炸至金黄色捞出，接着放入鸭块滑油，捞出。

3. 另起锅，放入姜片、葱段爆香，投入炸过的芋头和鸭块，加盐、生抽、蚝油，加水焖至汁尽收干，出锅即可。

营养功效

鸭肉营养丰富，是人体补血的理想食物。香芋含有增强人体免疫力的聚糖，常食可以滋补身体。此菜滋阴养胃，清肺补血，利尿消肿，适用于体内有热、上火、发低热、体质虚弱、食欲缺乏、大便干燥、水肿、营养不良、病后体虚、盗汗、遗精、妇女月经少、咽干口渴、糖尿病、肝硬化腹水、肺结核、慢性肾炎水肿等患者食用。

小贴士

剥洗芋头时，手部皮肤会发痒，因此剥洗芋头时最好戴上手套，以防伤至手部皮肤。身体虚寒、受凉引起的不思饮食、胃部冷痛、腹泻清稀、腰痛、寒性痛经以及肥胖、动脉硬化、慢性肠炎、感冒患者不宜食用鸭肉。

阿胶牛肉汤

原料 阿胶 15 克，牛肉 100 克，生姜 10 克，
米酒 20 毫升，盐适量

制作步骤

1 牛肉去血筋，切片。阿胶用刀背敲碎。

2 上述材料与生姜、米酒一同放入炖盅，加水适量，小火煮 30 分钟。

3 加入盐，溶解后即可喝汤吃肉。

○ 营养功效

阿胶为滋阴补血止血要药，有补血滋阴、润燥、止血功效。牛肉补脾生血，与阿胶同煮，补血效果更明显，对虚损羸瘦、消渴、肺燥咳嗽、脾弱不运、痞积、水肿、腰膝酸软、血虚眩晕、心悸或阴虚心烦失眠有食疗作用。

小贴士

有人认为当牛肉开始腐烂时的味道最为鲜美，其实，这是极为荒唐的说法。牛肉存放期限以一周为宜。同时为了防止氧化而变质，牛肉应置于冰箱保存。

土豆蒸鸡块

原料 土鸡肉 400 克，土豆 300 克，食用油、盐、老抽、味精、姜、胡椒粉、豆瓣酱、米粉各适量

制作步骤

1. 土鸡肉处理洗净，剁成小块，用姜片、盐、老抽腌制片刻。土豆洗净，削皮，切成和鸡块差不多大小的滚刀块，然后加上味精、豆瓣酱、米粉和少量油拌匀，待用。

2. 将土豆和鸡肉块码在大碗内，上锅蒸熟后撒上胡椒粉即可。

◯ 营养功效

土豆含有大量碳水化合物，同时含有蛋白质、矿物质（磷、钙等）、维生素等。此菜对营养不良、畏寒怕冷、乏力疲劳、月经不调、贫血、虚弱等有很好的食疗作用，具有温中补血、补虚填精、健脾胃、活血脉、强筋骨的功效。

小贴士

如果市场上的鸡肉注过水，肉质会显得特别有弹性，仔细看会发现皮上有红色针点，针眼周围呈乌黑色。注过水的鸡用手去摸会感觉表面有些高低不平，似乎长有肿块一样。

西红柿炒鸡蛋

原料 西红柿 200 克，鸡蛋 4 个，小葱 20 克，
食用油、盐各适量

制作步骤

1 每个西红柿切成 6 块。小葱切成段，蛋液
中加适量盐搅匀备用。

2 将蛋液倒入锅中，以大火炒至蛋半熟时加
入葱段，略炒后起锅。

3 将西红柿放入热油锅快炒，盖锅盖焖片刻，
加入炒蛋，加盐调味即可。

○ 营养功效

西红柿富含维生素、胡萝卜素、蛋白质、
糖类等元素，营养价值极高。此菜可补肺养血、
滋阴润燥、除烦安神、补脾和胃，适用于气血
不足、热病烦渴、胎动不安、病后体虚、营养
不良、阴血不足、失眠烦躁、心悸等症。

小贴士

烹调时，西红柿不要久炒，稍加点醋就
能破坏其中的有害物质西红柿碱。专家认为，
缺乏维生素 C 是鸡蛋唯一的"短处"，搭配西
红柿是最佳方法，西红柿可以弥补其不足。

鲜香牛肝

原料 牛肝 200 克，马蹄、泡椒各 50 克，水发木耳 15 克，生姜 5 克，淀粉 8 克，高汤 100 毫升，酱油 20 毫升，料酒 15 毫升，香油 5 毫升，食用油、香醋、盐、糖、味精各适量

制作步骤

1. 马蹄去皮后洗净。泡椒去蒂、去籽、切碎。牛肝撕去表皮，洗净切片。木耳洗净。姜洗净切末。

2. 牛肝加盐、糖、水、淀粉、高汤拌匀上浆，调入泡椒、姜拌匀腌制。

3. 把酱油、醋、味精、水、淀粉同盛于碗内，加高汤对成芡汁。

4. 锅中倒油烧热，加入牛肝、泡椒、姜，炒至牛肝发白，加入料酒、马蹄、木耳煸炒，倒入芡汁，出锅装碗，调入香油即可。

○ 营养功效

牛肝中维生素 A 的含量远远超过奶、蛋、肉、鱼等食物，还含有丰富的铁质，具有养血补血和补肝明目等食疗效果，可治血虚萎黄、虚劳羸瘦、青盲、惊痫、夜盲。

小贴士

牛肝有粉肝、面肝、麻肝、石肝、病死牛肝、灌水牛肝之分。前两种为上乘，中间两种次之，后两种是劣质品。牛肝肉质粗糙，炒制时间不宜过长，以防牛肝变老、变硬，影响口感。

焖黄鱼

原料 大黄鱼500克，猪腿肉75克，竹笋50克，料酒25毫升，酱油15毫升，食用油40毫升，葱段、姜片、蒜片各5克，鲜汤200毫升，糖、味精各适量

制作步骤

1 大黄鱼洗净后在鱼身两面划上斜刀，用酱油浸渍使其入味。猪肉、笋洗净均切片。

2 锅内倒油烧热，放入大黄鱼煎至两面呈金黄色，倒出沥油，再投入葱段、蒜片、姜片煸出香味，再放入肉片、笋片煸炒。

3 放入大黄鱼加料酒、酱油、糖略烧一下，再加鲜汤，烧开后改用小火烧煮15分钟。再用大火稍收卤汁，用漏勺轻轻捞出大黄鱼，装在长盘中，锅里卤汁加味精，起锅浇在鱼身上即成。

○ 营养功效

此菜蛋白质含量高，钙、磷、铁、碘等元素含量也很高，不仅营养丰富、味道好，易于消化，而且食疗效果也很明显，有健脾开胃、安神止痢、益气填精之功效，对贫血、失眠、头晕、食欲缺乏及妇女产后体虚有良好疗效。

小贴士

黄鱼不能与中药荆芥同食，也不宜与荞麦同食。吃鱼前后忌喝茶。

黑豆团鱼煲

原料 团鱼(即甲鱼或称水鱼)1条,黑豆30克,
姜、葱、盐各适量

制作步骤

1 团鱼用沸水烫后去内脏、脚爪,斩件洗净。

2 将团鱼件、姜、葱与黑豆同放于沙锅内加
清水,置火上煮熟烂。

3 加盐调味,起锅即可食用。

○ 营养功效

黑豆性平,味甘,具有补脾、利水、解毒
的功效。此菜可滋阴凉血、养肝补血、祛风止
痒和乌发,对骨蒸潮热、颧红盗汗、心烦失眠、
痔疮便血、男子遗精、女子崩漏、带下、脾虚
气陷、气短懒言、疲乏无力、肛门直肠脱垂、
水肿、体虚、中风、肾虚等有疗效。

小贴士

黑豆与大枣、鲤鱼同食有助于治疗水肿。
黑豆炒熟后,热性大,多食者易上火,故不
宜多食。黑豆忌与蓖麻子、厚朴同食。

纯樱桃汁

原料 樱桃 250 克，冰糖、凉开水适量

制作步骤

1 樱桃洗净，去蒂，去核，切小碎。

2 取榨汁机，加入樱桃碎、冰糖、凉开水。

3 一起搅拌、榨汁，至均匀，即可饮用。

○ 营养功效

樱桃汁维生素C、E 含量多，是一种天然杀菌剂。它全身皆可入药，鲜果具有发汗、益气、祛风、透疹的功效。樱桃也可以缓解贫血，适用于脾胃虚寒、便溏腹泻、食欲缺乏、贫血、乏力者和痛风、关节炎、慢性肝炎病人。

小贴士

樱桃汁加入其他果汁，口味更加独特，更加鲜美。热性病及虚热咳嗽、便秘者忌食樱桃，肾功能不全、少尿者慎食樱桃。

肉桂羊肉粥

原料 大米、蚕豆各 50 克，羊肉 150 克，肉桂 2 克，苹果半个，香料 1 克，盐、香菜各适量

制作步骤

1. 大米洗净，浸泡 30 分钟。羊肉洗净待用。

2. 锅中注入适量清水，放入羊肉、苹果块、肉桂、蚕豆用大火煮沸，转小火慢熬成汤，捞出汤渣，将羊肉切块。

3. 将大米、香料、盐倒入羊肉汤中，用小火续煮成粥，再加入羊肉块、香菜略煮即可。

○ 营养功效

羊肉可补体虚、祛寒冷、温补气血、益肾气、补形衰、开胃健力、补益产妇、助元阳、益精血，适用于肾虚腰疼、阳痿精衰、形瘦怕冷、病后虚寒、产妇产后体虚或腹痛、产后出血、产后无乳或带下等症。

小贴士

阴虚火旺、里有实热、血热妄行者及孕妇不宜食此粥。羊肉与西瓜不能混合食用，否则会发生腹泻等不良反应。

首乌粳米粥

原料 何首乌 3 克，粳米 50 克，鸡蛋 2 个，糖适量

制作步骤

1 粳米淘洗干净，备用。

2 何首乌用纱布包裹，与米同煮粥。

3 粥熟前将鸡蛋打破倒入，并加糖适量，煮熟即可。

○ 营养功效

何首乌具有补肝肾、益精血、乌须发、强筋骨的功效，主治血虚头昏目眩、心悸、失眠、肝肾阴虚之腰膝酸软及须发早白、耳鸣、遗精、肠燥便秘、久疟体虚等症。

小贴士

何首乌对润肠通便的作用很大，其主要有效成分大黄酚可促进肠道蠕动。部分高脂血症病人服用后，会出现大便次数增加和腹泻现象。

冬菇当归肉片汤

原料 鲜冬菇 150 克，当归 30 克，肋条肉 100 克，葱花、姜末、食用油、水淀粉、料酒、鸡汤、盐、味精、香油各适量

制作步骤

1. 将鲜冬菇择洗干净，切片备用。将当归去杂，洗净，切成片，放入洁净纱布袋中，扎口，待用。肋条肉洗净，切成薄片，放入碗中，加葱花、姜末、水淀粉等调料拌均匀。

2. 烧锅置火上，加油烧至六成热，倒入肉片，熘炒片刻，烹入料酒，加鸡汤、清水和药袋，改用小火煨煮 40 分钟。

3. 取出药袋，挤尽汁液，加冬菇，继续用小火煨煮 10 分钟，加盐、味精拌匀，淋入香油即成。

○ 营养功效

香菇是具有高蛋白、低脂肪、多糖、多种氨基酸和多种维生素的菌类食物。此汤补虚健脾，理气养血，可增强免疫功能和抵抗力，适用于贫血、月经不调、经闭、痛经、症瘕结聚、崩漏、虚寒腹痛、痿痹、肌肤麻木、便秘等症。

小贴士

清洗香菇表面要用手仔细摸一遍，有砂砾感觉须除掉。香菇一般泡 2～5 个小时后用手触摸觉完全软化即可，不宜长时间浸泡。泡发香菇时，以 70℃ 左右的温热水为宜。

滋补炖乌鸡

原料 乌鸡1只，香菇、枸杞子、党参、葱段、姜片各10克，蜜枣3粒，盐、味精、鸡汤各适量

制作步骤

1. 乌鸡去内脏洗净斩块。香菇放碗里加上葱段、姜片和适量清水上屉蒸10分钟，取出香菇去蒂。枸杞子用温水洗净，党参切段。

2. 锅置火上，放清水煮沸，把乌鸡块放入沸水锅内焯出血水，捞出用清水洗净。

3. 把乌鸡块放在炖盅内，放入剩余配料，倒入鸡汤，加上调料后盖上盖放屉上蒸约3小时即成。

○ 营养功效

此汤有补血益气、养阴退热、补益肝肾的功效，对头晕目眩、病后虚弱、体质瘦弱、骨蒸潮热、腰腿疼痛、脾虚腹泻、月经不调和遗精、气血不足、脾胃气虚、神疲倦怠、四肢乏力、食少便溏、慢性腹泻、肺气不足、咳嗽气促、易感冒、慢性肾炎蛋白尿、慢性贫血、萎黄病、白血病、血小板减少等症有食疗作用。

小贴士

乌鸡肉具有很好的食疗功效，能有效改善人体虚弱状况，使面色萎黄的人变得红润有活力。乌鸡连骨熬汤滋补效果更好，用沙锅文火慢炖为佳，最好不用高压锅。

当归羊肉羹

原料 羊肉500克，当归、黄芪、党参各20克，大葱、生姜、盐、味精各适量

制作步骤

1 羊肉切片放入沙锅内。

2 另取当归、黄芪、党参，用布包好，放入锅内。加水适量，小火煨炖至烂熟，再加葱、姜、盐、味精调味即成。

○ 营养功效

此羹可补血填虚、生津益肺、强身壮体和助元阳，对气血不足、脾胃气虚、神疲倦怠、肾虚腰疼、阳痿精衰、形瘦怕冷、病后虚寒等症有一定疗效。

小贴士

黄芪和人参均属补气良药，人参偏重于大补元气，回阳救逆，常用于虚脱、休克等急症，效果较好；而黄芪则以补虚为主，常用于体衰日久、言语低弱、脉细无力者。患有湿疹及手足心热的人不宜食用此汤。

当归猪血莴苣汤

原料 当归 15 克，猪血 500 克，莴苣 200 克，姜片、鲜汤、料酒、盐、味精各适量

制作步骤

1 将猪血洗净，切大块。

2 莴苣去皮、叶，洗净后切片。

3 将鲜汤入锅，加当归、姜片煮沸，放入莴苣，再沸后加入猪血、料酒、盐，沸后加味精调拌即成。

○ 营养功效

猪血富含铁、钙等矿物质，能加快人体新陈代谢，把毒素排出体外。此汤养血补血活血，通络润燥，对体虚乏力、血虚、面色苍白者有改善作用。

小贴士

从营养角度来说，莴苣不应挤干水分，这会失去大量水溶性维生素。高胆固醇血症、肝病、高血压、冠心病患者应少食猪血。

桂圆鸡翅

原料 鸡翅膀1对，桂圆肉20克，菜心50克，食用油、红葡萄酒、糖、酱油、盐、味精、水淀粉、姜、葱、高汤各适量

制作步骤

1. 鸡翅膀洗净，用酱油、盐腌片刻。葱洗净切段。姜切片。菜心切整齐。

2. 将油倒入锅中烧热，放入鸡翅膀炸至金黄色时捞出，汤汁留下待用。锅内留适量油烧热，放入葱段、姜片，煸炒出香味，加高汤、红葡萄酒及鸡翅膀，放盐、糖，将鸡翅膀烧至熟透，脱骨，码入盘中。

3. 菜心、桂圆入锅烫熟，摆放在鸡翅的周围。将余下的葱用油煸出香味，把烧鸡翅的汤汁滤入，用水淀粉勾芡，浇在鸡翅膀上即可。

○ 营养功效

鸡翅膀能温中补血益气、补精填髓。桂圆亦称龙眼，性温味甘，益心脾，补气血。此菜主要食疗作用是养血补虚和壮骨健筋，既可口，又营养兼具补身体，可用于心脾虚损、气血不足所致的失眠、健忘、惊悸、眩晕、感冒发热、内火偏旺、痰湿偏重等症。

小贴士

长期大量食用鸡翅，尤其是油炸鸡翅，有过量摄入脂肪，尤其是反式脂肪的风险。患有热毒疔肿、高血压、血脂偏高、胆囊炎、胆石症患者忌食鸡翅。

红枣黑木耳汤

原料 红枣 15 个，黑木耳 15 克，冰糖适量

制作步骤

1 将黑木耳、红枣用温水泡发洗净。

2 放入小碗中，加水和冰糖放置蒸锅中，蒸 1 小时。

3 装碟即可。

○ 营养功效

红枣具有补中益气、养血安神、缓和药性的功效；黑木耳有益气强智、止血止痛、补血活血等功效。此汤适宜慢性肝病、胃虚食少、脾虚便溏、支气管哮喘、荨麻疹、过敏性湿疹、过敏性血管炎、气血不足、营养不良、心慌失眠、贫血头晕、心脑血管疾病、结石症、出血性疾病等患者食用。

小贴士

因为鲜木耳含有一种称为"卟啉"的特殊物质，人吃了鲜木耳后，会引起皮肤瘙痒。另外，在清洗黑木耳的水中可加入一勺面粉，搅匀后放入木耳浸泡 10 分钟，再清洗即可洗净其根部的泥沙。

拔丝红薯

原料 红薯 500 克，糖 150 克，清水 100 毫升，香油 30 毫升，食用油 50 毫升

制作步骤

1. 红薯洗净去皮，切成滚刀块。

2. 锅内加油烧至九成热时，把红薯块放入油内炸熟透至金黄色时捞出控油。

3. 锅刷净加清水、糖，用小火熬糖，从水大泡变成水小泡，从糖大泡变成糖小泡至浓稠变色时，倒入炸好的红薯离勺、颠勺。倒入抹过香油的盘内，上桌的时候要上碗白开水，蘸着吃。

○ 营养功效

红薯含丰富的食物纤维、胶原、黏液多糖类物质、维生素 C 等营养素，具有凉血活血、益气生津、解渴止血、宽肠胃通便秘的功效，可治痢疾下血症、酒积热泻、湿热黄疸、白浊淋毒、月经失调、血虚遗精、小儿疳积、肝炎和黄疸。

小贴士

拔丝红薯注意熬糖时火候一定要把握好，以免糖熬糊了发苦。要用普通糖来熬糖浆，不可以用制糖，否则很难熬出可以拔丝的糖浆。

黑豆猪肝

原料 猪肝 200 克，黑豆 75 克，鸡蛋半个，黄瓜 25 克，蒜末 5 克，淀粉 25 克，盐、味精各 2 克，水淀粉 30 毫升，面粉、油、料酒、米醋、香油、酱油、食用油各适量

制作步骤

1 把猪肝洗净切片，放碗里，加上鸡蛋、淀粉和面粉调拌匀。黑豆放清水中浸泡至软备用。黄瓜洗净，切成片。把黄瓜放另一碗里，加上酱油、盐、料酒、米醋、蒜末、味精和水淀粉调成芡汁。

2 净锅置火上，放清水煮沸，再放入猪肝片焯一下，捞出沥净水分。

3 净锅放油，置火上烧热，放入黑豆和猪肝片煸炒片刻，烹入对好的芡汁炒匀，淋上香油，出锅上桌即可。

○ 营养功效

猪肝可补肝养血，益睛明目。此菜适宜气血虚弱、面色菱黄、缺铁性贫血、夜盲、眼干燥症、小儿麻疹病后角膜软化症及癌症患者放疗、化疗后食用。

小贴士

此菜烹调时间不能太短，至少应该在急火中炒 5 分钟以上，使肝完全变成灰褐色，看不到猪肝血丝才好。

患有高血压、冠心病的人忌食猪肝，因为肝中胆固醇含量较高。

红枣猪蹄

原料 猪蹄1个，红枣50克，清水、盐适量

制作步骤

1 红枣洗净待用。猪蹄去毛洗净。

2 把猪蹄用开水烫过，斩成件。

3 猪蹄块入锅，加清水一起煮烂，再加盐即可。

○ **营养功效**

　　此菜具有健脾益气、补血宽中、补虚弱、填肾精、健腰膝等作用，对经常性的四肢疲乏、腿部抽筋、麻木、消化道出血、失血性休克、气血不足、营养不良等患者有益处，也是老人、妇女和手术、失血者的食疗佳品。

小贴士

　　挑选猪蹄时，一定要看颜色，应尽量买接近肉色的，过白、发黑及颜色不正的不要买。

雪菜黄鱼

原料 黄鱼1尾，雪里蕻150克，南豆腐200克，味精3克，香菜、盐各2克，葱5克，鸡汤1000毫升，姜、香油、食用油各适量

制作步骤

1 将黄鱼净膛后两面剖柳叶刀。葱切段用水稍焯，豆腐切小扁方块。

2 起锅放油烧热，将黄鱼炸至金黄色捞出。

3 另起锅放鸡汤、辅料、豆腐块、雪里蕻段，煮沸，改小火焖约15分钟，淋上香油，加入香菜即可。

○ 营养功效

黄鱼营养丰富，是海味中的佳品，富含碘、铁、钙、磷、多种维生素等。此菜有健脾开胃、安神止痢、益气填精之功效，对贫血、失眠、头晕、食欲缺乏及妇女产后体虚有良好疗效。

小贴士

大、小黄鱼和带鱼被称为我国三大海产，夏季端阳节前后是大黄鱼的主要汛期，清明至谷雨则是小黄鱼的主要汛期，此时的黄鱼身体肥美，最具食用价值。黄鱼是发物，哮喘病人和过敏体质的人应慎食。

花生凤爪汤

原料 花生米 100 克, 鸡爪 150 克, 姜片、盐、食用油、料酒各适量

制作步骤

1. 将花生米用温水泡软, 洗净沥干水分。新鲜鸡爪用沸水烫透, 脱去黄皮, 斩去爪尖, 洗净备用。

2. 炒锅上火烧热, 加适量底油, 放入鸡爪煸炒片刻, 再下姜片, 注入清水, 然后放盐、料酒。

3. 用大火煮开 10 分钟, 放入花生米, 再煮 10 分钟, 改用中火, 撇去浮沫, 待鸡爪、花生米熟透起锅即可。

○ 营养功效

花生含有蛋白质、脂肪、糖类、维生素 A、维生素 B_6、维生素 E、维生素 K, 以及矿物质钙、磷、铁等营养成分。凤爪富含谷氨酸、胶原蛋白和钙质, 多吃不但能软化血管, 同时具有美容功效。此汤具有舒脾暖胃、润肺化痰、滋补血气的功效, 还可降低胆固醇, 是补血补虚的好食品。

小贴士

凡变霉的花生不能吃, 因霉变的花生所含的黄曲霉素是强致癌物质。胆病、血黏度高或血栓、体寒湿滞及肠滑便泄者不宜食花生。

第三部分·

滋阴康复菜

阴虚概述

阴虚，是指精血或津液亏损的病理现象。因精血和津液都属阴，故称阴虚。阴虚体质的人，多见于身形消瘦、发质差、皮肤无光泽、易生痤疮、烦躁健忘、口干舌燥、咽喉不适、干咳痰少、手足心热、大便干燥、小便赤黄、喜好冷饮、面色潮红、舌红少苔、身体潮热、盗汗、失眠多梦、眩晕耳鸣、眼睛干涩有眼屎、心悸不安、视物昏花等。阴虚体质可分为肺阴虚、心阴虚、肾阴虚和肝阴虚四种。

男子阴虚多表现为遗精或性欲亢奋，女子则经血量多且颜色暗红，伴随腰膝酸软、背痛、脉细数等。阴虚体质的人性情比较暴烈急躁，这是由于身体里的水亏了，压不住火而内火上升。生活中常能见到有些人动不动就发无名火，从外表体态看，这类人多形体消瘦。瘦人多火旺，常能自感手足心热，咽喉不适，若是夏天，天气催生内火，更容易出现焦躁不安。

阴虚体质的成因主要有以下几种：

首先，阴虚体质中相当一部分是天生的，天生火气大。

其次，情绪影响也是阴虚体质形成的因素之一。一个人长期将自己的不良情绪积压于心里，无法得到宣泄而不断郁结，原本外在的不良情绪，或者说是外火就烧向内心，时间一长，身体内部能量被内火烘烤而产生阴虚。这一类人又被称为"结核体质"，容易得肺病。《红楼梦》里的林黛玉就是一个典型。

再次，饮食中的辛辣食品也对阴虚体质的形成有所影响。辛辣食品对身体的损害原理和情绪影响差不多。虽然辛辣食品有许多好处，但对于阴虚体质的人又有相当多的坏处。辛辣食品对唇舌的感官刺激很大，进入五脏六腑之后又对五脏六腑造成刺激，有些人会感觉胃痛，或感觉胃灼热。这说明辛辣食品对肠胃的刺激是很大的，长期食用这些刺激性食物而没有相应灭火行为，辅之去火的食物，容易造成内火旺盛，形成阴虚体质。

此外，阴虚体质多见于女性。这是因为女性特殊的生理特点所造成的。女性一生中需要经历经、带、胎、产、乳，这些特殊的生理过程都需要消耗血，血属阴，所以易造成阴虚体质。另外，由于已经形成阴虚体质的女性多半喜好冷饮，这种寒凉食物吃多了又容易造成血瘀，即血不活，对身体的损害更大。

阴虚体质的调养

阴虚者饮食宜清淡，宜吃生津养阴，富含优质蛋白质及维生素的食物，忌食辛辣、高脂肪、高糖食品。

宜吃食物有：薏苡、绿豆、油菜、白菜、黄瓜、甜瓜、绵瓜、西瓜、竹笋、茄子、梨、葡萄、菱角、藕、百合、蜂蜜、白果、柿饼、瘦猪肉、鸭肉、牛奶、鸡蛋、甲鱼、龟肉、鳗鱼、海参、干贝、蛤蜊、蚌肉、牡蛎、螃蟹、黑木耳、银耳等。

阴虚者饮食也可加入具有滋养阴液、生津润燥的中草药，如沙参、枸杞、石斛、玉竹、黄精、麦冬、生地、酸枣仁、熟地、女贞子、当归、阿胶、黄芪等。补阴药大多甘寒滋腻，脾胃虚弱、腹胀便溏者慎用。

忌吃食物有：狗肉、羊肉、雀肉、海马、海龙、獐肉、炒花生、炒瓜子、炒黄豆、爆米花、荔枝、龙眼肉、佛手柑、杨梅、韭菜、大蒜、辣椒、胡椒、大小茴香、荜拨、薤白、草豆蔻、花椒、肉桂、白豆蔻、丁香、薄荷、红参、砂仁、肉苁蓉、锁阳等，同时还应忌烟酒。

由于阴虚者容易内火扰心、心烦气躁，所以平时必须注意加强修养，养成冷静沉着的习惯。尽量与人为善，凡事不要较真，不要事事强出头。少参加争夺胜负的游戏，多到室外呼吸新鲜空气，以利于平躁平心。

阴虚体质者阳气亢奋，手足心热，口咽不适，喜冬春凉，厌恶夏天，因此有条件者可以在夏天去高山、江河、湖边等凉爽地区避暑。秋天时，气候干燥，应多食一些补阴食物，如燕窝、鸭肉等。阴虚者住所最好选择坐北向南的房屋，以利于通风阴凉。

阴虚火旺者应注重睡眠，避免熬夜，尤其是要睡好子午觉。这里说的子午觉就是每天的子时、午时要按时入睡，并要遵循"子时大睡，午时小憩"的原则。在这两个时间段熟睡有利于养阴及养阳，对人身体有好处。

阴虚者锻炼身体时不适合做剧烈运动，适合选择打太极拳、太极剑等动静结合的传统健身项目。锻炼时要控制出汗量并及时补充水分。阴虚者不适合夏练三伏，应避免在炎热的夏天或闷热环境中运动。

在穿着方面，阴虚者可适当"秋冻"。在初秋不感到寒冷的前提下，缓慢增加衣被，可促使虚火收敛，以养阴气。冬季应注意保暖，以不出汗为度。

此外，阴虚者要注意节制房事，防止房事太过耗伤真精。

妇科疾病的病后饮食

1. 经期前期综合征

经期前期综合征是一种育龄妇女在月经前7～14天反复出现一系列精神、行为及体质等方面的症状，月经来潮后突然消失的病。症状有腹胀、疲劳、易怒、抑郁、乳房胀痛及头痛等，甚者波及几个互不相连的器官和系统。

饮食上主要是多食对肾脏有调节作用的食物，多吃含镁、维生素A、维生素E、碳水化合物的食物，如薯类、大米、面粉、小米、红薯、土豆、牛肉等，少吃甜食、高盐高脂肪和辛辣酸的食物，忌喝酒、饮料、茶，也不能吃乳酪。

2. 更年期综合征

女性在更年期由于卵巢功能减退、垂体功能亢进，腺激素分泌紊乱等原因，引起自主神经功能紊乱而出现一系列程度不同的症状，称为更年期综合征。症状表现为月经变化、面色潮红、心悸、失眠、乏力、抑郁、多虑、情绪不稳定、易激动、注意力不集中等。

饮食上首先是要营养丰富，要选含优质蛋白、含钙量高、富含维生素 B_1 的食物，饮食宜清淡，多吃瓜果、新鲜蔬菜等含纤维较高的食物。

3. 痛经

痛经是妇科的常见病和多发病，一般是在经期及其前后，出现小腹、腰部甚至腰骶、大腿的疼痛酸胀，每随月经周期而发，严重者伴有悲伤易怒、心悸、失眠、头痛头晕、恶心呕吐、冷汗淋漓、手足厥冷，甚至昏厥。

饮食上以补肾、健脾、疏肝、调理气血为主，补充富含钙、钾、镁等矿物质的食物，多吃蔬菜、水果、鸡肉、鱼肉等。饮食要保持均衡，少量多餐，忌食含咖啡因的食物和冷冻食物，如咖啡、茶、巧克力、雪糕、冷饮等。同时，也不能喝酒。

炒鲜芦笋

原料 鲜芦笋 300 克，食用油 20 毫升，盐、
味精各 6 克，蒜蓉、淀粉各适量

制作步骤

1 将鲜芦笋洗净，抹刀切成 3 厘米长的段。

2 将芦笋下入沸水中焯透，捞出晾凉，沥干
水分备用。

3 炒锅上火烧热，加油，用蒜蓉炝锅，添适
量汤，加盐、味精翻炒。再下入芦笋，翻
炒均匀，勾薄芡，淋明油，出锅装盘即可。

○ **营养功效**

芦笋性凉，味甘，含有丰富的蛋白质和膳
食纤维，还含有糖类、多种矿物质等，具有补
虚补血、润肠抗癌等功效，适宜高血压病、高
脂血症、癌症、动脉硬化、体质虚弱、气血不
足、营养不良、贫血、肥胖和习惯性便秘及肝
功能不全、肾炎水肿、尿路结石等患者食用。

小贴士

鲜芦笋焯水时间不宜过长，此菜须大火
速成。患有痛风者不宜多食芦笋。

丝瓜干贝

原料 丝瓜 600 克，金针菇 150 克，干贝 75 克，姜 3 片，水淀粉 10 克，食用油、盐、葱各适量

○ 营养功效

干贝含蛋白质、维生素 A、钙等营养素，可补血益体、降低血压。此菜具有滋阴养血、补肾调中的功效，能治疗头晕目眩、咽干口渴、虚痨咯血、脾胃虚弱等症。

制作步骤

1. 丝瓜洗净，去皮，切成 4 厘米长、3 厘米宽的大块。

2. 葱洗净，切段。姜洗净去皮，切片备用。金针菇切除根部，洗净。

3. 干贝洗净，泡水 3 小时，放入碗中，加入水 1 杯，移入蒸锅中蒸至熟软，取出，沥干水分，用手撕成丝备用。

锅中倒入 1 大匙油烧热，放入葱、姜爆香，加入丝瓜以大火炒熟，再加入 1/4 杯水煮至丝瓜软烂，最后加入所有主料及盐煮熟，淋入水淀粉勾芡，即可盛出。

小贴士

优质新鲜的干贝呈淡黄色，如小孩指头般大小。粒小者次之，颜色发黑者再次之。干贝放的时间越长越不好。干贝烹调前应用温水浸泡涨发。

豆泡鸭块

原料 油豆腐泡 10 个，鸭半只，清水 500 毫升，酱油 20 毫升，糖 5 克，料酒 8 毫升，葱、姜各适量

制作步骤

1 鸭洗净切块，放入滚水中烫去血水，捞出沥干。葱洗净切段。姜洗净去皮切片。油豆腐泡洗净备用。

2 锅中倒入水，放入鸭块、葱段、姜片、酱油、糖、料酒煮开，转小火煮至鸭肉接近熟烂。

3 再加入油豆腐泡煮至入味，盛入碗中即可。

○ 营养功效

鸭肉营养丰富，含有蛋白质、脂肪、碳水化合物、磷、钙、铁等营养成分，具有大补虚劳、清肺解热、滋阴补血、解毒等功效。

小贴士

鸭肉须小火久煮才会较为软嫩，但肉质较硬，故不可能软烂，一般以筷子试夹，若有汤汁流出，即已熟透。

西瓜乳鸽

原料 小西瓜 1 个，乳鸽 500 克，料酒、盐、葱、生姜、食用油、清水各适量

制作步骤

1. 将西瓜洗净，在瓜蒂处切开顶盖，用汤匙挖出瓜瓤。将乳鸽宰杀洗净，剁小块。

2. 锅中倒入油烧热，放入葱、生姜煸香，再放入乳鸽块、盐、料酒和清水，将鸽肉烧至八成熟，起锅。

3. 倒入西瓜壳内，加顶盖，用绵纸封口，上笼蒸 1 小时即可。

○ 营养功效

鸽肉蛋白质含量高于猪肉等其他肉类，具有补肝壮肾、益气补血、清热解毒、生津止渴、强壮性机能的作用，非常适宜贫血者食用，对毛发脱落、中年秃顶、头发变白、未老先衰、慢性腰腿疼痛等症也有一定的疗效。此菜也适合肾虚体弱、体力透支者食用。

小贴士

鸽肉鲜嫩味美，可做粥，可炖、烤、炸，可做小吃等；清蒸或煲汤能最大限度地保存其营养成分；鸽肉四季均可入馔，但以春天、夏初时最为肥美。

笋烧海参

原料 水发海参 200 克，鲜笋片 100克，猪瘦肉汤 500 毫升，盐、糖、酱油、料酒、水淀粉各适量

制作步骤

1. 将水发海参切成长条，鲜笋洗净切成片。

2. 肉汤烧开，加海参、鲜笋片煮片刻，加盐、糖、酱油、料酒、水淀粉勾芡至汤汁透明。

3. 装碟即可。

◯ 营养功效

此菜具有补肾益精、滋阴健阳、补血润燥、调经祛劳、养胎利产等功效，非常适宜糖尿病、贫血、动脉硬化、高血压、高血脂、免疫力低下、体虚、畏寒、多汗、感冒、气管炎、关节炎、类风湿、骨质疏松、尿频、肾虚、易疲劳、性欲减退、食欲缺乏、便秘、失眠、多梦、耳鸣、心慌气短、头晕眼花、记忆力减退及体质虚弱的人食用。

小贴士

挑选海参时要看海参的外观，一般好的海参皮质清晰，颜色自然，肉刺以及腹部的管足一般都比较完整；另外，要看海参的发泡效果，好海参的肉质劲道一些，吃起来有弹性。

川贝母甲鱼

原料 甲鱼 500 克，川贝母 5 克，鸡清汤
1000 毫升，料酒、盐、生姜、葱各
适量

制作步骤

1 甲鱼宰杀洗净，切块，入蒸钵。姜洗净切片。
葱洗净切段。

2 加入鸡汤、川贝母、盐、料酒、生姜、葱调料。

3 上蒸笼蒸 60 分钟即成。

○ 营养功效

甲鱼不仅肉质鲜美，营养丰富，蛋白质含
量高，而且含有钙、镁、锌、维生素 A 等多
种营养素。此菜具有滋阴补肺、补虚止咳的功
效，适用于肺热燥咳、干咳少痰、阴虚劳嗽、
咳痰带血、肾虚等症。

小贴士

凡外形完整、无伤无病、肌肉肥厚、腹
甲有光泽、背甲肋骨模糊、裙厚上翘、四腿粗
而有劲、动作敏捷的为优等甲鱼，反之，为劣
等甲鱼。

肉蟹蒸蛋

原料 肉蟹 1 只，瘦肉 100 克，鸡蛋 2 个，蒜蓉、盐、生抽、淀粉、香油各适量

制作步骤

1. 把肉蟹刷净剁块，沥干装盘。

2. 瘦肉洗净剁末，拌入盐、生抽、淀粉、香油和少量清水，打入鸡蛋搅匀，倒入蟹盘中。另装蒜蓉下锅爆香。

3. 蟹盘上笼，以大火蒸 12 分钟，出笼后倒入蒜蓉即可。

○ 营养功效

蟹肉含有丰富的蛋白质及微量元素，对身体有很好的滋补作用。此菜有清热解毒、补骨添髓、养筋活血、利肢节、补肺养血、滋阴润燥之功效，适宜跌打损伤、筋断骨碎、眩晕、夜盲、病后体虚、失眠烦躁、心悸、肺胃阴伤等患者食用。

小贴士

本菜须用鲜活肉蟹，蒸前可将蟹钳拍破。患有伤风、湿疹、皮炎、疤毒、冠心病、高血脂、发热、胃痛、胃炎、十二指肠溃疡、胆石症、胆囊炎、肝炎腹泻的人不宜吃蟹。

煮丝瓜蟹肉

原料 丝瓜120克，蟹肉40克，姜片、盐、油、高汤各适量

制作步骤

1 丝瓜洗净，去皮去瓤，切成条块。

2 将丝瓜放入开水中稍微烫熟后取出，过滤水分。

3 锅中放油烧热，倒入高汤，加盐、姜片，放入丝瓜条，再放蟹肉稍煮片刻即可。

○ 营养功效

丝瓜富含维生素C，可使皮肤洁白细嫩。蟹乃食中珍味，不但味美，且营养丰富，是一种高蛋白的补品。此菜具有清热解毒、补骨添髓、养筋活血、利肢节、滋肝阴、充胃液之功效，适宜跌打损伤、筋断骨碎、瘀血肿痛、产妇胎盘残留，或孕妇临产阵缩无力、胎儿迟迟不下者食用，尤以蟹爪为好。

小贴士

螃蟹性咸寒，又是食腐动物，所以吃时必须蘸姜末醋汁来祛寒杀菌，不宜单食。螃蟹的鳃、沙包、内脏含有大量细菌和毒素，吃时一定要去掉。醉蟹或腌蟹等未熟透的蟹不宜食用，应蒸熟煮透后再吃。

鸡蛋银耳玉米粥

原料 鸡蛋1只，银耳30克，甜玉米 100克，水淀粉、冰糖各适量

制作步骤

1. 银耳用开水泡开，择去根部杂质，撕碎，淀粉用水泡化，鸡蛋打碎。

2. 玉米入锅，加入清水，用大火煮开，再把银耳放入，用小火同煮。

3. 待玉米煮开花后，将水淀粉倒入搅拌，粥呈黏稠状时将鸡蛋倒入，加冰糖即可。

○ 营养功效

鸡蛋性平，味甘，可滋阴润燥，养血安胎。银耳能养胃生津，促进食欲。此粥对治疗食欲缺乏、水肿、尿道感染、糖尿病、胆结石、脾胃气虚、气血不足、营养不良、动脉硬化、高血压、高脂血症、冠心病、肥胖症、脂肪肝、癌症、习惯性便秘、慢性肾炎水肿等疾病患者有食疗效果。

小贴士

银耳先用开水泡发，除去未发开的和淡黄色的部分。霉坏变质的玉米有致癌作用，不宜食用。患有干燥综合征、糖尿病之人不宜食用爆玉米花，否则易助火伤阴。

藕片汤

原料 生藕 400 克，瘦肉 50 克，干冬菇 20 克，糖 10 克，食物油 50 毫升，盐 4 克，味精 2 克，葱末、姜丝各 5 克，清水 2000 毫升，料酒适量

制作步骤

1 猪肉洗净，切成薄片，放入大碗内，用葱末、姜丝、料酒、盐兑汁浸泡 5 分钟。冬菇浸泡洗净。藕洗净剥皮，切成象眼片。

2 将汤锅置上火，放油烧热，先将猪肉煸炒片刻。

3 注入清水，同时加入冬菇、藕片、料酒、糖，煮 5 分钟，放盐、味精，起锅盛入汤碗即可。

○ 营养功效

莲藕的维生素 C 含量较高，能养心生血、补益脾胃、补虚止泻、清热凉血、开胃健中等功效，适宜高热病人、咯血者、高血压、肝病、食欲缺乏、缺铁性贫血、营养不良者食用。

小贴士

烹制时，藕片刚煮熟即可，以保证其脆嫩。此汤鲜香味美，是夏季汤中上品。脾胃消化功能低下、大便溏泄者不宜生吃莲藕。

牡蛎豆腐汤

原料 鲜牡蛎肉200克,嫩豆腐200克,盐、
味精、姜片、葱花、蒜片、水淀粉、食
用油各适量

制作步骤

1 将牡蛎肉洗净,切成两半。豆腐洗净切丁。

2 锅置火上,放入油烧热,下蒜片煸香,倒
入油,加水烧开。

3 加入豆腐丁、盐烧开,再加入牡蛎肉、姜片、
葱花,用水淀粉勾稀薄芡,加入味精即成。

○ 营养功效

牡蛎肉营养丰富,含有丰富的蛋白质、钾、
钠、钙等成分,具有养血安神、软坚消肿的效果,
对烦热失眠、惆神不安、瘰疬等疾有食疗作用。

小贴士

有癫疝、脾虚精滑者忌吃牡蛎肉。豆腐
不宜多吃,因为摄入量过多,会加重肾脏的
负担,使肾功能进一步衰退。

茄子鱼片

原料 草鱼 300 克，茄子 500 克，盐 8 克，水淀粉 10 克，食用油 100 毫升，味精 2 克

制作步骤

1 将草鱼洗净，斩去头尾，取其净肉，片成大片。

2 鱼片加盐、味精、水淀粉拌匀备用。

3 茄子去皮后切成条状，用油过熟，摆于盘中垫底。

4 将鱼片摆于茄子上，上笼蒸熟，取出淋上熟油即可。

◯ 营养功效

鱼肉含有丰富的蛋白质、维生素和多种微量元素。茄子含有多种矿物质，与鱼同烹具有清热解毒、活血、消肿、暖胃和中的效果，对热毒痈疮、皮肤溃疡、口舌生疮、痔疮下血、便血、衄血等有食疗效果。

小贴士

此菜上笼蒸时，要掌握火候，不宜蒸得太老。脾胃虚寒、便溏者、哮喘者不宜多吃茄子。手术前吃茄子，麻醉剂可能无法被正常地分解，会拖延病人苏醒时间，影响病人康复速度。

扣蒸干贝

原料 干贝 100 克，萝卜 100 克，料酒、盐、味精、葱、姜各适量

制作步骤

1 先将干贝洗净，浸发后去掉硬筋，直排于碗内，加料酒、葱、姜，添清水至浸没，上蒸笼用大火蒸 1 小时左右，除去葱、姜，滗出汤汁待用。

2 将萝卜洗净去皮，削成圆筒形，切成与干贝相同的块，然后在沸水锅中焯一下，盖在干贝上面。

3 将萝卜与干贝上蒸笼用大火蒸酥，取出扣在汤碗里，使干贝朝上，萝卜垫底。将汤汁倒入沙锅中，加入盐和清水，中火煮沸，放入味精，浇在干贝上即成。

○ **营养功效**

此菜滋阴补虚，调中补肾，下气利五脏，益脾和胃，消食下气，能治疗头晕目眩、咽干口渴、虚痨咯血、脾胃虚弱、痰热咳嗽、咽喉痛、失音、痢疾或腹泻、腹痛作胀、脾胃不和、饮食不消、反胃呕吐、热淋、石淋、小便不利或胆石症等症。

小贴士

经处理后，呈肉白色的干贝为佳品。萝卜为寒凉蔬菜，阴盛偏寒体质、脾胃虚寒、胃及十二指肠溃疡、慢性胃炎、单纯甲状腺肿、先兆流产、子宫脱垂等患者应少食萝卜。

银耳百合羹

原料 银耳 25 克，百合 50 克，莲子 50 克，
冰糖 50 克

○ 营养功效

银耳有强精、补肾、润肺、生津、止咳、清热、养胃、补气、和血、强心、壮身、补脑、提神之功。百合具有养阴安神、润肺止咳的功效。此汤适用于慢性咳嗽、肺结核、口舌生疮、口干、老年慢性气管炎、高血压、血管硬化、口臭、久咳体虚等症。

制作步骤

1 莲子用温水浸软，除去心、皮。银耳、百合用温水泡发，洗净。

2 将莲子放入沙锅，加入适量水，用大火煮沸后，放入泡发的银耳、百合。

3 用小火炖至汤汁稍黏，莲子熟烂时，加入冰糖，调匀即成。

小贴士

食疗上建议选择新鲜百合为宜。冰糖和银耳含糖量高，睡前不宜食用，以免血黏度增高。

女贞子黑芝麻瘦肉汤

原料 猪瘦肉 60 克，女贞子 40 克，黑芝麻 30 克

制作步骤

1 将瘦肉洗净，切件。女贞子、黑芝麻洗净。

2 把全部用料放入锅内，加清水适量。

3 大火煮沸后，改小火煲 1 小时，调味即可食用。

○ 营养功效

此汤有补肝肾、益心脾等滋阴效果，并可黑须发，适用于高脂血症、肥胖、白发属肝肾不足者，包括须发早白、脱发、腰膝酸软、夜尿多、睡眠差。

小贴士

脾胃虚寒及肾阳不足者不宜饮用此汤。凡肝肾阴虚、眩晕耳鸣者可常取女贞子与旱莲草同食。

沙参蛋汤

原料 北沙参 30 克，红皮鸡蛋 2 个，冰糖适量

制作步骤

1 将沙参切成小块，鸡蛋洗净。

2 加适量的水，共煮。

3 水沸 10 分钟后取蛋去壳，再放入汤中煮，加冰糖，5 分钟后即成。

○ 营养功效

此汤具有滋阴润燥、生津凉血的功效，可用于治疗肺胃虚的咳嗽、咯血、咽痛、口渴和肺结核引起的阴虚症者。食之可增强抗病能力，提高免疫力。

小贴士

沙参分南北两种，南沙参补肺脾之气，北沙参养肺胃之阴。有肺寒及痰湿咳嗽者忌食沙参。沙参不可与藜芦共同烹调食用。

益母草炖花胶

原料 益母草 20 克，猪小肘 500 克，鸡脚 100 克，花胶（鱼鳔的干制品）100 克，生姜 10 克，枸杞 10 克，葱 5 克，盐适量

制作步骤

1 将猪小肘、鸡脚洗净切块，益母草、枸杞洗净，生姜洗净去皮。将花胶泡清水 2 小时，再用热水泡 2 小时。

2 锅内烧水，待水沸时放入猪小肘、鸡脚烫去血渍。

3 洗净炖盅，放入猪小肘、益母草、生姜、花胶、枸杞、鸡脚、葱，加入清水适量，炖 2.5 小时后调入盐即可食用。

○ 营养功效

益母草活血祛淤、利尿、解毒，常用于女性患者，属于调经药的一种。此汤可活血顺气、益睛明目、祛淤、利尿消肿、清热解毒，可治疗月经不调或因月经失调而造成的崩漏，还可治疗腹泻及痔疮出血等症。

小贴士

用益母草敷脸可起到美容的作用。据载，武则天长年使用的美容品就是用益母草精制而成的。

河虾烧墨鱼

原料 墨鱼 200 克，河虾 80 克，芥蓝 100 克，生姜、食用油、盐、味精、糖、蚝油、水淀粉、香油各适量

制作步骤

1. 墨鱼洗净切刀花。河虾去掉虾枪洗净。生姜洗净去皮切小片。芥蓝洗净切片。

2. 将油倒入锅中烧热，放入墨鱼、河虾、泡炸至八成熟倒出。

3. 锅内留底油，放入姜片、芥蓝煸炒片刻，投入墨鱼卷、河虾，撒入盐、味精、蚝油，用大火炒至入味，然后用水淀粉勾芡，淋上香油即可。

营养功效

墨鱼具有滋阴养血的功效，能滋肝肾，愈崩淋，利胎产，适用于因肾阴不足所引起的食欲缺乏、心烦口渴、子宫虚冷等症。

小贴士

干墨鱼先要洗净沙、泡透，煲时中途不要掀盖，否则不香。炒芥蓝时间要长些，因为芥蓝梗粗，不易熟透。

乌鸡炖海螺肉

原料 海螺肉 100 克，乌鸡肉 200 克，无花果 20 克，红枣 15 克，姜 10 克，葱 10 克，盐 6 克，鸡粉 3 克

制作步骤

1. 将海螺肉处理干净切块，乌鸡剁成块，姜去皮切片，葱切段。

2. 锅内烧水，待水开时，投入海螺肉、乌鸡肉，用中火焯水，去净腥味血渍，倒出洗净。

3. 另取炖盅一个，加入海螺肉、乌鸡肉、无花果、红枣、姜、葱、盐、鸡粉，注入适量清水，加盖炖约 3 小时，即可食用。

○ 营养功效

红枣是养生保健品中的常用食材，具有温补气血的功效，适合寒冬时血虚之人食用，以抵御寒冷。乌鸡炖海螺肉以乌鸡肉为主，海螺肉、红枣、无花果为辅，多种药材调味，有健脾、益血、滋阴的功效，别有一番风味。

小贴士

秋冬之时多吃鸡肉，能提高人的免疫力，鸡肉所含的牛磺酸有增强消化、抗氧化和解毒的功效，在改善胃功能的同时，能促进智力发展。

沙参玉竹煲老鸭

原料 沙参20克，玉竹20克，老水鸭1只，瘦肉100克，红枣5克，生姜2片，盐、鸡粉各适量

制作步骤

1 将老鸭去毛和内脏，洗净斩件。瘦肉洗净切块，沙参、玉竹、红枣洗净。

2 用锅烧水至开后，放入鸭肉、瘦肉烫去表面血迹，再捞出洗净。

3 将鸭肉、瘦肉、沙参、玉竹、红枣、生姜一起放入煲内，加入清水适量，以小火煲2小时，调味即可。

○ 营养功效

沙参可养阴清肺，养胃生津。玉竹可滋阴润肺。老鸭清肺解热，滋阴补血，定惊解毒，消水肿。此汤适用于治疗肺阴虚、久咳不愈，对肺结核引起的低热、干咳、心烦口渴和慢性气管炎，或病后体虚等症有一定疗效。

小贴士

鸭肉适合体热上火者食用，特别是低热、虚弱、食少便干、水肿、盗汗、遗精症状及女子月经少、咽干口渴者宜食鸭肉。受凉引起少食、腹部冷痛、腹泻清稀、痛经等症患者不吃为好。

淮杞煲水鸭

原料 淮山 10 克，枸杞 5 克，猪脊骨 250 克，
猪小肘 200 克，水鸭 1 只，老姜 3 克，
食盐 5 克，鸡粉 5 克

制作步骤

1 将猪脊骨、猪小肘、水鸭洗净斩件，淮山、
枸杞洗净。

2 瓦煲烧水至滚后，放入猪脊骨、猪小肘、
水鸭烫去表面血渍后，倒出洗净。

3 用瓦煲装清水放在煤气炉上猛火煲滚后，
放入猪脊骨、猪小肘、水鸭、老姜、枸杞、
淮山，煲 3 小时后调入盐、鸡粉即可。

○ **营养功效**

淮山补脾肺、清虚热、固肠胃、润肤化痰
止泻，还能辅助治疗健忘遗泄。枸杞润肺清肝，
补心肺脾肾，清食和胃，祛风湿，消肿解毒。
此汤可补肺虚阴。

小贴士

冻鸡冻鸭不容易洗净，这里教你一个小
窍门。首先准备适量姜汁，然后将鸡鸭泡在
汤汁里，30 分钟以后再洗。这样不但脏物能
被洗净，还能除腥增香气。

生地煲蟹汤

原料 生地 20 克, 螃蟹 250 克, 瘦肉 100 克, 枸杞、桂圆肉、生姜片各 5 克, 盐适量

制作步骤

1 将生地洗净, 螃蟹洗净斩件。瘦肉洗净, 切件。枸杞、桂圆肉洗净。

2 用锅烧水至滚后, 放入螃蟹、瘦肉烫去表面血迹, 再捞出洗净。

3 将全部材料一起放入煲内, 放入清水, 以小火煲 1 小时, 调味即可。

○ 营养功效

生地清热凉血, 益阴生津。螃蟹能清热解毒, 补骨添髓, 养筋活血, 通经络, 利肢节, 续绝伤, 充胃液。此汤清热凉血, 清肿散结, 主治肺肾阴虚之喉炎, 适用于急性咽喉炎、咽喉肿痛、饮食不下等症。

小贴士

鲜生地味甘苦, 性大寒, 作用与干地黄相似, 滋阴之力稍逊, 但清热生津、凉血止血之力较强。

石斛麦冬养胃汤

原料　猪瘦肉500克，石斛10克，麦冬15克，
　　　　红枣5克，生姜片、盐、鸡粉各适量

制作步骤

1. 猪瘦肉洗净，切块。石斛、麦冬、红枣洗净。
2. 用锅烧水至滚后，放入瘦肉烫去血污，再捞出洗净。
3. 把全部材料一起放入煲内，加入清水适量，大火煮沸后改小火煲约2小时，调味即可。

○ 营养功效

　　石斛养阴清热，养胃生津。麦冬益胃生津，清心除烦。红枣甘润养胃气。猪瘦肉健脾益胃，能使汤味鲜美。此汤清胃热，养胃阴，生津液，止渴饮。

小贴士

　　糖尿病、肥胖属湿浊内盛者不宜饮用此汤。石斛和麦冬要用鲜品，这样效果会更好。

酪梨牛奶

原料 酪梨（鳄梨）100 克，牛奶 250 毫升，蜂蜜、碎冰各适量

制作步骤

1 酪梨肉挖出，入果汁机，榨汁。

2 榨汁完成，取出，加入牛奶、蜂蜜、冰块。

3 上下搅拌均匀即可。

○ 营养功效

牛奶含有丰富的钙，磷、铁、锌、铜、锰、钼。最难得的是，牛奶是人体钙的最佳来源，而且钙磷比例非常适当，利于钙的吸收。此饮料具有补虚损、益肺胃、生津润肠、活肤养肤、调整血压之功效，对久病体虚、气血不足、营养不良、噎膈反胃、胃及十二指肠溃疡、消渴、便秘等有疗效。

小贴士

酪梨富含维生素 E，口感柔滑浓郁，十分美味，其热量虽高，但只要在上午食用，就不会累积脂肪。

玉米须煲龟

原料 玉米须 15 克，黄芪、桂圆肉、淮山、蜜枣各 10 克，草龟 1 只，瘦肉 100 克，鸡脚 50 克，生姜、盐各适量

制作步骤

1. 将玉米须洗净，乌龟去肠脏、头、爪，洗净斩件。瘦肉洗净，切块。鸡脚洗净，去爪甲。黄芪、桂圆肉、蜜枣、淮山洗净，生姜洗净切片。

2. 用锅烧水至滚后，放入龟肉、瘦肉、鸡脚烫去表面血迹，捞出浮沫，再洗净。

3. 将全部材料与生姜一起放进瓦煲内，加入清水适量，大火煲沸后转小火煲 3 小时，调味即可。

◯ 营养功效

玉米须利尿、泄热、平肝利胆。乌龟益阴补血、健骨补肾。此汤常被广东人用来治疗糖尿病、阴虚瘦弱等症，主治气阴两虚型糖尿病、肾病。

小贴士

此汤肾功能不全者应少吃。乌龟不宜与苋菜同食。乌龟和甲鱼都是滋补品，但也有区别。乌龟的功效是滋阴补血，而甲鱼的功效是滋阴凉血。

鹌鹑蛋猪肚汤

原料 鹌鹑蛋12个，猪肚1个，猪脊骨250克，猪小肘300克，白胡椒粒少许，老姜5克，盐5克

制作步骤

1. 将猪脊骨、猪小肘洗净斩件，猪肚用生粉洗净（多洗几次），鹌鹑蛋煮熟剥壳。

2. 瓦煲内水烧滚后，放入猪脊骨、猪小肘、猪肚，烫去表面血渍，倒出用清水洗净。

3. 用瓦煲装清水，放在煤气炉上用猛火煲滚后，放入猪脊骨、猪小肘、猪肚、鹌鹑蛋、白胡椒粒、老姜，煲2小时调入盐即可食用。

○ 营养功效

鹌鹑蛋含有丰富的蛋白质，营养价值高。猪肚主治恶心、反胃、食后饱胀、精神疲倦。此汤养血润颜、健胃养胃。

小贴士

鹌鹑蛋一般人均可食用，尤其适宜婴幼儿、孕产妇、老人、病人及身体虚弱的人食用。脑血管病人不宜多食鹌鹑蛋。

黑豆党参煲猪心汤

原料 黑豆 50 克，党参 10 克，猪心 1 个，桔梗 10 克，猪脊骨 100 克，姜 10 克，葱 10 克，盐 3 克

制作步骤

1. 将猪心处理干净切厚片，脊骨剁成块，黑豆用温水泡透，姜去皮拍破，葱切段。

2. 锅内烧水，待水开后，投入猪心、脊骨，用中火焯水，去净血渍，倒出待用。

3. 另取瓦煲一个，加入猪心、脊骨、黑豆、党参、桔梗、姜、葱，注入适量清水，用小火煲约 2 小时，调入盐即可。

○ 营养功效

黑豆含有丰富的维生素，其中维生素 E 和维生素 B 含量最高。猪心可补虚、安神、养心补血，主治心虚失眠、惊悸、自汗、精神恍惚等症。此汤对由心阴虚引起的失眠多梦、精神不振和心气浮躁等症有良好的疗效。

小贴士

黑豆是一种有效的补肾品。根据中医理论，豆乃肾之谷，黑色属水，水走肾，所以肾虚的人食用黑豆是有益处的。黑豆对年轻女子来说，还有美容养颜的功效。

黄精海参炖乳鸽

原料 黄精 10 克，发好海参 150 克，益母草 10 克，乳鸽 1 只，瘦肉 150 克，姜片 3 克，葱段 3 克，鸡脚 50 克，盐适量

制作步骤

1. 将乳鸽宰杀洗净开背，瘦肉切块，黄精、益母草洗净备用。

2. 锅内烧水至滚后放入乳鸽、瘦肉、鸡脚烫去表面的血渍，倒出用水洗净。

3. 将乳鸽、瘦肉、益母草、黄精、海参、鸡脚、姜片、葱段放入盅内，加添清水炖 2 小时后调入盐即可。

○ 营养功效

海参含蛋白质、糖类、脂肪等，能补虚损、利大小便。此汤有滋阴养血等功效，适用于治疗体虚头痛和女性闭经。

小贴士

海参浸发方法：将海参放入滚水内煮 20 分钟，熄火后静置一夜至松软发大，刮去体内肠脏及沙粒，处理干净后即可配料烹调。

豆芽蛤蜊瓜皮汤

原料 蛤蜊肉 250 克，绿豆芽 500 克，豆腐 200 克，冬瓜 500 克，食用油、酱油、盐各适量

制作步骤

1 将绿豆芽择洗干净，备用。

2 冬瓜、蛤蜊肉洗净，放入锅内，加清水适量，大火煮沸后，小火煲半小时。

3 豆腐下油锅稍煎香，与绿豆芽一起放入冬瓜汤内，煮沸片刻，加入酱油、盐调味即成。

○ 营养功效

此菜清淡可口，是防暑清热利湿的保健汤，具有滋阴润燥、利尿消肿、软坚散结、补益脾胃的作用，对高胆固醇、高血脂、甲状腺肿大、支气管炎、胃病等疾病食疗效果明显。

小贴士

蛤蜊不宜与啤酒同食，易诱发痛风。有宿疾者应慎食蛤蜊，脾胃虚寒者也不宜多吃。

节瓜蚝豉瘦肉汤

原料 节瓜 500 克，蚝豉（牡蛎肉的干制品）
50 克，瘦肉 500 克，生姜 10 克，猪
脊骨 400 克，盐 10 克

制作步骤

1. 将蚝豉浸水 2 小时后洗净，节瓜洗净切片，
瘦肉洗净切块，生姜洗净去皮，猪脊骨洗
净剁块。

2. 沙锅烧水，待水沸时，煲净猪脊骨、瘦肉
血水。

3. 沙煲一个，放入猪脊骨、节瓜、瘦肉、生姜、
蚝豉，注入清水，煲 2 小时后调入盐即可
食用。

◯ 营养功效

此汤可令人肌肤细腻光滑、面色红润，有
重镇安神、潜阳补阴、软坚散结、收敛固涩的
功效，用于惊悸失眠、眩晕耳鸣、瘰疬痰咳、
徵瘕痞块、自汗盗汗、遗精崩带、胃痛泛酸等。

小贴士

蚝豉的制法有两种：一般是把鲜牡蛎肉
及汁液一起煮熟，再晒干或烘干，制成的称熟
蚝豉。若要保持全味则不煮，将牡蛎肉直接晒
干，便成为有名的生晒蚝豉。

第四部分 ·

壮阳康复菜

阳虚概述

阳虚，指阳气虚衰的病理现象。阳气有温暖肢体、脏腑的作用，如果阳虚则机体功能减退，容易出现虚寒的征象。因气与命门均属阳，所以称为阳虚。阳虚有一个很明显的特征，就是"怕冷"。阳虚包括胃阳虚、脾阳虚、肾阳虚、心阳虚和肝阳虚。我们常说"人活一口气"，这个"气"就是指身体的阳气。如果一个人阳气不足，必然会使体内的阴阳失去平衡，导致各种病症出现。

阳虚的人体态偏胖、面色淡白无华、平时怕寒喜暖、四肢倦怠、唇淡色白、舌淡胖、常自汗、脉沉乏力、小便清长、大便时稀。有时可见四肢厥冷、身面水肿、腰脊冷痛、夜尿频多、小便失禁等。阳虚体质的男性表现为遗精（多为滑精）、性欲减退、排尿频繁等；女性多表现为白带清稀、易腹泻、易痛经、经期推后。

阳虚的形成主要是源自先天禀赋，与遗传的关系密切。父母为阳虚体质、婚育年龄大、孕期过食寒凉等都会对胎儿造成影响，促生阳虚体质。早产的宝宝也有可能阳气虚少。除了先天因素外，一些后天环境和习惯也可促使人转变为阳虚体质。

夏季长期在空调房间里工作或生活，因为身体排汗减少，这样会导致体内阳气受到抑制。药物影响也是导致或加重阳虚的原因之一，如长期用抗生素、利尿剂、清热解毒中药，或有病没病预防性地喝凉茶等。另外喜欢吃冰冻寒凉的食物，或者反季节饮食也会造成阳虚，比如冬天吃西瓜，就会耗损阳气，加重阳虚。

熬夜也会消耗人体的阳气，长期熬夜导致阳气持续耗损，入不敷出，而且因睡眠时间不足导致阳气得不到补充，进而发展成阳虚体质。

年龄增长也是导致阳虚不可避免的因素。老年人出现腰腿痛、夜尿多、畏寒怕冷是衰老现象，是由于老年阳气逐渐虚衰所致，不能算是病。

阳虚体质的调养

阳虚体质宜吃性属温热、温阳散寒、温补、热量较高而富有营养的食品，忌吃、少吃寒凉、易伤阳气或滋腻味厚难以消化的食物。对于阳虚便秘者，还须忌食收涩止泻、加重便秘的食物。阳虚泄泻者，则须忌食具有润下通便之物。此外，冰镇饮料和新鲜椰子汁也不适合阳虚体质的人食用。吃寒凉蔬菜时，别凉拌生吃，最好选择炖、蒸、煮的方法或在沸水中焯一下，这样就能降低食物的寒凉程度。最重要的是，要掌握好食用量，一定要少吃。

起居方面，阳虚体质者宜住坐北向南的房子，且不可贪凉。在锻炼方面，运动的选择应以增补阳气与提振阳气为原则。耐寒锻炼最好从夏季开始，适合选择太极拳、散步或慢跑，日光浴也是不错的强壮阳气之法。着装方面，阳虚体质者注意适当"春捂"。

春夏季是补阳的好时节，一年之计在于春，春天阳气生发，阳虚体质者应利用好这一大好时机来调理身体，多吃些韭菜、葱、姜、陈皮等食物，补充更多阳气。阳虚者要防"秋冻"，生冷寒凉的食物尽量避免，可吃些偏温水果，多吃些核桃、板栗等温补身体的食物。

阳虚者宜吃食物：韭菜、白皮蒜、朝天椒、香菜、扁豆、刀豆、姜、茴香、南瓜、洋葱、黄豆芽、山药、羊肉、牛肉、狗肉、鹿肉、牛鞭、鹿鞭、鸡肉、虾仁、鳝鱼、海参、鲍鱼、鲢鱼、鲫鱼、带鱼、猪肚、猪肝、火腿、干枣、黑枣、樱桃、榴莲、荔枝、桂圆、栗子、杏、杨梅、核桃、腰果、松子仁、胡萝卜、黑豆、淡菜等。

阳虚者忌吃食物：绿豆芽、苦瓜、黄瓜、竹笋、苋菜、荠菜、茭白、茄子、海带、紫菜、银耳、兔肉、大闸蟹、田螺、鳗鱼、河蚌、鳊鱼、海蜇皮、蛤蜊、牡蛎、牛蛙、鸭肉、橘子、柚子、香蕉、西瓜、火龙果、柿子、梨、枇杷、甘蔗、甜瓜、荸荠、绿茶、豆腐、蜂蜜、空心菜、花生、菠菜、芹菜等。

肝、胆、肾疾病的病后饮食

1. 肝炎

饮食原则为宜疏宜利不宜补，这样可在一定程度上促进肝细胞的恢复和再生，加快疾病的好转和身体康复。可吃脱脂牛奶、鱼虾、蜂蜜、蜂乳、鸡蛋、蘑菇等，严禁饮用烟酒、气体性饮料、刺激性饮料，忌食助长湿热、壅滞不通的食物，如肥腻、烤制、油炸、黏食、麻辣火锅、羊肉等，尽量少吃容易胀气的食物或难消化的食物，如红薯、山芋、糯米等。另外，参、茸类的补品也不宜服用。

2. 肝硬化

要适当增加糖类食品的比例，糖类可以提供高热量，保护肝脏，防止毒素对肝细胞的损害，但不宜过多，以免导致肥胖症；要补充蛋白质，注意吃些牛奶、鸡蛋、瘦肉、鱼、虾、豆制品等富含蛋白质的食物；补充维生素C和B族维生素，多吃新鲜蔬菜、水果、全麦、小米、大豆、花生、动物肉、动物肝脏等；注意烹调方法，采用蒸、煮、烩、炖的方法制作清淡、易消化的食物。

3. 脂肪肝

饮食当以清淡为主，食物尽量少放盐，可吃洋葱、大蒜、牛奶、苹果等，禁止摄入烟酒、咖啡、气体性饮料，限制油脂类、糖类食物的摄入量，如胡萝卜、芋头、土豆、粉丝等，忌食油腻的食物，如肥肉、油炸食品，少喝肉汤、鸡汤、鱼汤。

4. 胆结石

饮食宜清淡少盐，需注意控制胆固醇和脂肪的摄入量，少食或禁食肥肉、动物内脏、蟹黄、蛋黄等高脂肪、高胆固醇食物；增加蛋白质食物，如豆制品、菌菇、禽肉；增加富含纤维、维生素食物，如各种粗粮、蔬菜、水果、香菇、木耳等；多喝茶忌烟酒、气体性饮料；可采用多餐少食，忌食刺激性、过敏性食物，如辣椒、花椒、海鲜等。

5. 肾病

肾病患者的饮食调理重在养肾，黑色的食物可以起到温补肾脏的作用，因此可适当增加一些黑色食物的摄入，可吃黑木耳、紫菜、海带、栗子、黑豆、黑芝麻、小米、豇豆、牛骨髓、猪肉、羊骨、猪肾、淡菜、干贝、鲈鱼、胡桃、山药等，禁止摄入烟酒、气体性饮料、刺激性饮料，控制食盐量及富含钠、蛋白质、胆固醇的食物的摄入，忌食富含糖、脂肪的食品及扁豆、菠菜、茶、动物内脏等。

当归生姜羊肉汤

原料 当归 10 克，生姜 10 克，猪脊骨 250 克，
　　　猪小肘 150 克，羊肉 150 克，枸杞 10 克，
　　　红枣 10 克，盐 5 克

制作步骤

1 将羊肉、猪小肘、猪脊骨洗净斩件。当归、
　红枣、枸杞洗净。

2 用瓦煲烧水至滚时，放入猪脊骨、猪小肘、
　羊肉烫去表面血迹，倒出洗净。

3 用瓦煲装清水，放在煤气炉上煲滚后，放
　入猪脊骨、猪小肘、羊肉、当归、生姜、
　枸杞、红枣，煲 2 小时后调入盐即可。

○ 营养功效

　　当归能增强肠胃吸收能力，能补血生精。
羊肉可暖胃、暖身、健胃。秋冬饮用此汤，可
暖身补肾。

小贴士

　　现在很多火锅都加进了滋补原料，如大
枣、枸杞、人参、天麻、当归之类，还可能有
大量生姜和辣椒。容易上火的女性应当注意避
免滋补效用过强的火锅底料。身体虚寒的女性
则比较适合这类锅底。

红薯狗肉汤

原料 红薯 250 克，狗肉 250 克，姜片、葱
段各适量，料酒、盐各少许

制作步骤

1. 将红薯洗净，去皮，切成小块。狗肉洗净，切成同样大的块。

2. 将红薯、狗肉放入炖盅内，加姜片、葱段、盐、料酒、清水适量。

3. 放入蒸笼，蒸至狗肉熟烂即可。

○ 营养功效

红薯有补虚乏、益气力、健脾胃、强肾阴的功效，能使人长寿少疾。狗肉味道鲜美，可补中益气、温肾助阳，其暖身暖胃的功效尤为显著。此汤益气温肾，是冬令进补的美味经典汤，对腰膝冷痛、小便清长、小便频数、水肿、耳聋、阳痿、脘腹胀满、腹部冷痛等患者有益。

小贴士

狗肉味咸性温，汉族有狗肉可壮阳的说法，所以狗肉多作为民间冬令补品。感冒、发热、腹泻、脑血管病、心脏病、高血压病、卒中后遗症等患者不宜食用。大病初愈的人也不宜食用。

壮阳狗肉巴戟汤

原料 狗肉、猪脊骨各 500 克，巴戟 30 克，
　　　猪小肘 200 克，生姜、枸杞各 10 克，
　　　红枣 20 克，食盐 5 克，鸡粉 2 克

制作步骤

1 将狗肉切块，洗净。猪脊骨、猪小肘洗净
　斩件。生姜洗净去皮。

2 沙煲烧水，待水沸时，煲净狗肉、猪脊骨、
　猪小肘血渍。

3 将猪脊骨、猪小肘、狗肉、姜、巴戟、红枣、
　枸杞一起放入煲内，加入清水，中火煲 2
　小时，调入 盐、鸡粉即可。

○ 营养功效

此汤有平补肝肾、益精养血、润肠通便的
功效，还可治疗气血不足造成的不孕症、肾虚
阳痿等，狗肉与脊骨同烹，可强筋健骨，补充
钙质。

小贴士

狗肉腥味较重，将狗肉用白酒、姜片反
复揉搓，再将白酒用水稀释浸泡狗肉 1～2 小
时，清水冲洗，入热油锅微炸后再行烹调，可
有效降低狗肉的腥味。狗肉属热性食物，不宜
夏季食用，而且一次不宜多吃。

淡菜瘦肉煲乌鸡

原料 乌鸡 300 克，瘦肉 100 克，淡菜（贻贝的干制品）20 克，枸杞 5 克，姜 10 克，葱 10 克，盐适量

制作步骤

1. 乌鸡宰杀洗净剁成块，瘦肉洗净切块，淡菜洗净，姜洗净去皮，葱洗净切段。

2. 锅内烧水，待水开后，投入乌鸡肉、瘦肉，用中火煮去血渍，捞起待用。

3. 取瓦煲一个，加入乌鸡肉、瘦肉、淡菜、枸杞、姜、葱，注入适量水，用小火煲约 2 小时，然后调入 盐即可。

○ 营养功效

该汤采用乌鸡、淡菜、老姜合炖，能益肾补脾，是冬春季节的营养滋补靓汤。淡菜味佳美，性温味咸，可治疗虚劳伤脾、精血衰少、吐血久痢、肠鸣腰痛等。

小贴士

淡菜在烹调前，须用清水洗净，经浸泡发开后才可使用。泡发的方法是：把洗净的淡菜放入热水碗中，加盖，约 2 小时即成。

参芪泥鳅汤

原料 泥鳅250克，黄芪、党参、山药各30克，去核红枣5枚，生姜、盐适量

制作步骤

1. 泥鳅用清水养1～2天，去污，剖去腮、内脏，放少许盐去黏潺，再用开水烫洗。

2. 油入锅烧热，放泥鳅爆油，放姜爆香，铲起备用。

3. 黄芪、党参、红枣、山药与泥鳅入煲，加清水适量，小火煲2小时，撒盐即可。

○ 营养功效

泥鳅含有丰富的核苷，能提高身体抗病毒能力。此菜有温中益气、健脾去湿、补肾助阳的功效，特别适宜身体虚弱、脾胃虚寒、营养不良、小儿体虚盗汗、心血管疾病、癌症患者及放疗化疗后、急慢性肝炎及黄疸之人食用。此外，也适宜阳痿、痔疮、皮肤疥癣瘙痒之人食用。

小贴士

泥鳅在煎之前，要用开水烫死。在煮的过程中，盐不能下得早，否则汤不白。饮用此汤不能食萝卜、茶。

海参羊肉汤

原料 海参 300 克，羊肉 500 克，猪脊骨
200 克，猪瘦肉 200 克，生姜 10 克，
盐 6 克

制作步骤

1 将海参用火烧净灰渍，浸水 1 天，用沸水
焗至软身后洗净，切块。羊肉洗净切块，
脊骨洗净剁块，生姜洗净去皮。

2 沙锅烧水，待水沸时，煲净猪脊骨、猪瘦肉、
羊肉的血渍。

3 沙煲一个，放入海参、猪脊骨、猪瘦肉、羊肉、
生姜，加入清水，中火煲 2 小时后调入 盐
即可。

○ 营养功效

海参是一种高蛋白、低脂肪、低胆固醇
的食品，具有补肾益精、滋阴健阳、调经祛
劳等阴阳双补功效。此汤有显著的降血压、
壮阳效果。

小贴士

保管海参时要注意：发好的海参不能久
存，最好不超过 3 天，存放期间用凉水浸泡，
每天换水～3 次，不要沾油，或放入不结冰
的冰箱中。如是干货保存，最好放在密封木
箱中。

枸杞海参鹌鹑蛋汤

原料 枸杞 5 克，海参 150 克，鹌鹑蛋 12 个，猪脊骨 200 克，猪小肘 200 克，老姜 5 克，盐适量

制作步骤

1 将猪脊骨、猪小肘洗净斩件，海参发好切块。

2 用瓦煲烧水至滚后，放入猪脊骨、猪小肘烫去表面血渍，倒出用清水洗净。鹌鹑蛋煮熟去壳。

3 用瓦煲装清水煲滚后，放入猪脊骨、猪小肘、海参、枸杞、老姜、鹌鹑蛋，煲 2 小时后调入盐即可。

○ 营养功效

枸杞润肺清肝、滋肾益气、生精助阳。海参含有丰富的蛋白质、糖类等营养素，能补虚损，利腰腿和大小便。

小贴士

枸杞一年四季皆可服用，冬季宜煮粥，夏季宜泡茶。但外感实热、脾虚泄泻者不宜服用枸杞。枸杞不宜与性温热的补品，如桂圆、大枣等共同食用。

虾仁归芪汤

原料 虾仁 200 克，当归 15 克，黄芪 30 克，
猪脊骨 300 克，猪小肘 150 克，老姜
5 克，盐适量

○ 营养功效

当归是很好的补血活血药和妇科调经药。此汤可改善妇女月经不调、经闭等症状，也可以活血止痛，暖身补肾，改善体质虚寒、四肢冰冷。

制作步骤

1. 将猪脊骨、猪小肘洗净剁块。虾仁、当归、黄芪洗净。

2. 待煲内水滚后，放入猪脊骨、猪小肘烫去表面血渍，倒出洗净。

3. 用瓦煲装水，放在煤气炉上用猛火煲滚后，放入猪脊骨、猪小肘、虾仁、当归、黄芪、老姜后煲 2 小时调入 盐即可。

小贴士

虾是发物，染有宿疾的人与正在上火的人不宜食用。一些患有过敏性疾病的老年人也不宜吃虾。腐烂变质的虾不能吃。颜色发红、身体变软及掉头的虾都是不新鲜的，最好不吃。

四宝煲老鸽

原料 绿豆 100 克，芡实 50 克，莲子 50 克，花生 50 克，老鸽 1 只，猪脊骨 600 克，生姜 10 克，猪瘦肉 100 克，盐 6 克

○ 营养功效

绿豆能排毒清肠道，莲子补血清肺热，芡实可延年益寿。此汤能有效改善心悸不安、失眠、夜寝多梦、男子遗精、女子月经过多等症状。

制作步骤

1. 将老鸽剖好，洗净，猪脊骨、猪瘦肉洗净切块，莲子、绿豆、芡实、姜、花生洗净。

2. 沙锅烧水，待水沸时，将猪脊骨、老鸽、猪瘦肉煮去血水，捞出冲净。

3. 沙锅一个，放入莲子、绿豆、花生、芡实、老鸽、猪脊骨、猪瘦肉、姜，加入清水，煲 2 小时后调入盐即可。

小贴士

购买芡实时以颗粒饱满均匀、质地脆硬、外观为红褐色、断面呈白色、气息清淡、无皮壳碎末、无发霉虫蛀者为佳。买回的芡实可贮存于有盖容器中，置于通风干燥处，注意防霉、防蛀。

桑葚竹丝鸡汤

原料 桑葚 10 克，党参 20 克，红枣 5 克，枸杞 3 克，猪小肘 150 克，竹丝鸡半只，老姜 3 克，葱 3 克，食盐 5 克，鸡粉 2 克

制作步骤

1. 将猪小肘、竹丝鸡洗净斩件，桑葚、党参、红枣、枸杞、老姜、葱洗净。

2. 用锅烧水滚后，放入猪小肘、竹丝鸡烫去表面血渍，倒出洗净。

3. 将竹丝鸡、猪小肘、桑葚、党参、红枣、枸杞、老姜、葱放入炖盅内，加入清水适量炖 2 小时调入盐、鸡粉即可。

○ 营养功效

竹丝鸡性平味甘，有益补肝肾、滋阴养血的功效。桑葚是止咳润肺化痰的良药。此汤很适合体弱贫血的女性食用。

小贴士

桑葚容易被虫蛀，在市场上出售的一般都被喷过药，因此在食用前一定要用清水漂洗干净，否则有可能导致药物中毒。

板栗枸杞炖乳鸽

原料 乳鸽1只，板栗100克，枸杞3克，
　　　姜10克，葱15克，盐6克，味精2克，
　　　料酒3克，胡椒粉少许

制作步骤

1 乳鸽洗净，枸杞洗净，姜洗净去皮，葱捆
　　成把。

2 锅内烧水，待水开后，投入乳鸽，用中火
　　煮净血水，待用。

3 取大一点的瓦煲一个，加入乳鸽、板栗、
　　枸杞、姜、葱，注入适量清水、料酒，用
　　小火煲约2小时，再调入盐、味精、胡椒
　　粉即可。

○ 营养功效

　　枸杞能补肝肾、益精血。板栗和鸽子同是
性温食物，一起与枸杞烹制食用，则可共起到
补益肝肾、调养气血、润肤驻颜、健脾防癌的
功效。

小贴士

　　购回来的生板栗如当时不吃，最好放在
有网眼的网袋或筛子里，置于阴凉通风处。

人参鹿茸鸡肉汤

原料 人参、鹿茸各 10 克，生地 5 克，母鸡肉 500 克，猪瘦肉 100 克，生姜、盐各适量

制作步骤

1. 将母鸡褪毛，洗净，斩件。猪瘦肉洗净，切块。人参洗净，切片。鹿茸洗净。生姜洗净，切片。

2. 锅内烧水，水开后放入母鸡肉、猪瘦肉烫去表面血迹，再捞出洗净。

3. 将全部材料一起放入煲内，加清水适量，大火煲滚后改小火煲 3 小时，调味即可。

○ 营养功效

人参大补元气。鹿茸生精补髓，养血益阳，强筋健骨。此汤参茸同用，补气而壮阳，用于肾阳虚衰、精血亏虚、畏寒肢冷、阳痿早泄、宫冷不孕、小便频繁、头晕耳聋、腰膝酸痛、精神疲乏等症。

小贴士

服用鹿茸宜从小量开始，缓缓增加，不宜骤用大量，以免阳升风动、头晕目赤，或助火动血而致鼻出血。凡阴虚阳亢、血分有热、胃火盛或肺有痰热，以及外感热病者，应忌服鹿茸。

肉桂煲鸡肝

原料 肉桂5克,鸡肝2副,瘦肉100克,生姜、杞子、杜仲各5克,桂圆肉、盐各适量

制作步骤

1 将肉桂、枸杞、杜仲洗净,姜洗净切片,鸡肝去胆洗净,切厚片,瘦肉洗净切块。

2 锅内烧水,水开后放入鸡肝、瘦肉烫去表面血迹,再捞出洗净。

3 将全部材料一起放入煲内,加入清水适量,大火煲开后改小火煲约1小时,调味即可。

○ 营养功效

肉桂补肾阳,治命门火衰。鸡肝补肝肾。此汤可治肾虚、腰冷、夜多小便、小儿遗尿等症。

小贴士

孕妇或有实热者不宜食用此汤。购买鸡肝时,首先要闻气味,新鲜的有肉香。其次,看外形,新鲜的充满弹性,不新鲜的则边角干燥。最后,看颜色,健康的熟鸡肝有淡红色、土黄色、灰色,都属于正常。

枸杞子猪肝汤

原料 猪肝 200 克，红豆 100 克，枸杞子 25
克，姜、香菜、盐、香葱各适量

制作步骤

1. 将红豆洗净浸泡。香菜洗净切段。姜洗净
   切片备用。

2. 枸杞子洗净。猪肝洗净切厚片，沸水焯过。

3. 将红豆、猪肝、枸杞子、姜放入沙锅中，
   中火煲 3 小时，加盐、香葱调味即可。

○ 营养功效

猪肝味甘、苦，性温，含有丰富的维生素 A、
铁等元素，有清肝清目的效果。此汤有补肝养
血功效，用于血虚萎黄、夜盲、目赤、水肿、
脚气等症。

小贴士

猪肝可分为黄沙肝、油肝、猪母肝、血肝。
猪肝不宜煲太久，为了保持口感，在时间上
要把握好。

海马狗肾煲鸡

原料 海马 20 克，狗肾 250 克，母鸡肉 500 克，桂圆肉、党参各 5 克，生姜片、盐、鸡粉、胡椒粉各适量

制作步骤

1 将海马泡透，蒸发。鸡宰杀，洗净，切块。狗肾洗净，切片。桂圆肉、党参洗净。

2 锅内烧水，水开后放入鸡肉、狗肾烫去表面血迹，再捞出洗净。

3 将海马、鸡肉、狗肾、桂圆肉、党参、生姜一起放入煲内，加入适量清水，大火煲滚后改小火煲 2 小时，调味即可。

○ 营养功效

海马具有强身健体、补肾壮阳、舒筋活络、消炎止痛、镇静安神、止咳平喘的作用。狗肾能温肾增精、补髓壮阳。桂圆肉补肾温补，抗疲劳。母鸡肉滋养五脏，补精益髓。此汤对于阳痿、尿频、腰酸如折、小腹冷感、小便清长及年老体衰、神疲肢冷都有良好的疗效。

小贴士

男子性欲过旺、性功能亢进、孕妇及阴虚火旺者忌食海马。挑选党参时，要注意根条肥大粗壮、肉质柔阔、香气浓、甜味重、嚼之无渣的为佳。

金瓜炖海中宝

原料 金瓜 1 个，海龙、海马各 10 克，瑶柱 20 克，花胶 100 克，猪小肘、鸡脚各 150 克，老姜、葱、盐各 5 克，鸡粉 2 克

制作步骤

1 将猪小肘洗净斩件，花胶泡洗干净，金瓜去皮洗净切件，海马、海龙、瑶柱分别洗净。

2 用锅烧滚水后，放入猪小肘、鸡脚烫去表面血迹，倒出洗净。

3 将猪小肘、鸡脚、海龙、海马、瑶柱、花胶、金瓜、老姜放入盅内，加清水适量后炖 2 小时，调入盐、鸡粉即可食用。

○ 营养功效

花胶富含蛋白质，有补肾益精、滋养筋骨之功效，尤其对糖尿病患者有助益。海龙性温，补肾壮阳，散结消肿，对跌打损伤有疗效。海马对治疗因肾虚而引起的腰膝酸软、阳痿、宫冷等有显著食疗效果。

小贴士

一般人认为营养都集中在汤里，所以只喝汤。其实，无论煲汤的时间多长，肉类的营养也不能完全溶解在汤里，所以喝汤后还要吃肉。

冬虫草淮杞炖水鸭

原料 水鸭1只，猪瘦肉200克，冬菇20克，冬虫夏草5克，淮山20克，枸杞5克，生姜、葱、红枣各10克，清汤适量，盐7克，味精2克，胡椒粉少许，绍酒2克

制作步骤

1 水鸭洗净去内脏，猪瘦肉洗净切块，冬菇去蒂洗净，生姜去皮切成片洗净，淮山洗净切片，枸杞洗净，葱洗净捆成把，冬虫夏草洗净。

2 烧锅下水，待水开时投入水鸭、猪瘦肉，用中火煮去其中血水，捞起洗净。

3 在炖盅内盛入水鸭、猪瘦肉、冬菇、冬虫夏草、红枣、淮山、枸杞、生姜片、葱、绍酒，注入清汤，调入盐、味精、胡椒粉，加盖，炖2小时，去掉葱即可食用。

○ 营养功效

水鸭有温中益气、滋肝养气、补而不燥的功效。此菜可补胃肾、益精髓，是虚劳咳喘、自汗盗汗、腰膝酸软、胃阳虚乏患者的补肾佳品。

小贴士

水鸭血渍要煮净，以免炖出的汤不清香。调味时要注意口味适中。如果是夏天，可以用水鸭肉加入冬瓜、绿豆、西洋参、海带等配料煲出既营养又消暑的好汤。

猪肝何首乌汤

原料 猪肝 300 克，何首乌 20 克，猪脊骨 200 克，猪小肘 150 克，红枣 10 克，老姜 5 克，盐 5 克

制作步骤

1. 将猪脊骨、猪小肘洗净斩件，何首乌洗净切块，猪肝洗净切块，姜洗净去皮。

2. 用瓦煲烧滚水后，放入猪脊骨、猪小肘烫去表面血渍，倒出洗净。

3. 用瓦煲装水，放在煤气炉上用猛火煲滚后，放入猪脊骨、猪小肘、猪肝、何首乌、老姜，煲 2 小时后调入盐即可。

○ 营养功效

何首乌有补益肝肾、调和气血、收敛精气、壮阳补阴、延年益寿的功效。猪肝可清心明目。此汤能滋阴补肾、益气和中。

小贴士

何首乌忌无鳞鱼，恶萝卜、葱、蒜。大便溏泄及有湿痰者慎服。用何首乌煲汤时忌用铁器。

鹿茸鸡汤

原料 鹿茸 10 克，红枣 10 克，枸杞 3 克，老姜 5 克，猪脊骨 250 克，猪小肘 250 克，老鸡半只，盐适量

制作步骤

1 将猪脊骨、猪小肘、老鸡洗净斩件。鹿茸、红枣、老姜、枸杞洗净。

2 用瓦煲装清水，放在煤气炉上用猛火煲滚后，放入猪脊骨、猪小肘、老鸡肉、鹿茸、红枣、枸杞、老姜煲 2 小时后调入盐即可。

○ **营养功效**

鹿茸性温而不燥，它的滋补功效显著，与人参齐名，可补肾壮阳、生精益血，具有振奋和提高机体功能的作用，对全身虚弱、久病之后的患者有较好的强身作用。

小贴士

梅花鹿、马鹿是我国主要的茸用鹿。梅花鹿主要产于吉林、辽宁。马鹿主要产于黑龙江、吉林、青海、新疆、四川等地。东北梅花鹿采收的叫花鹿茸，质量最优。

桃仁牛肉

原料 熟牛肉 200 克，核桃仁 50 克，食
用油 30 毫升，红辣椒、青辣椒、
大葱、淀粉、味精、香油、酱油、
糖各适量

制作步骤

1 牛肉洗净切片。桃仁洗净去皮。葱、辣
椒洗净切段。

2 把食用油倒入炒锅内烧热，放入葱爆香，
再把桃仁、牛肉下锅煸炒，烹入酱油，
加糖、盐、水、味精，烧入味后用水淀
粉勾芡，淋入香油即可。

○ 营养功效

核桃具有多种不饱和与单一非饱和脂肪酸，对
心脏有好处。牛肉含有丰富的蛋白质，氨基酸组成
比猪肉更接近人体需要。寒冬食牛肉，有暖胃作用，
为寒冬补益佳品。此菜有补中益气、滋养脾胃、强
健筋骨、化痰息风、止渴止涎的功效，适用于中气
下陷、气短体虚、筋骨酸软及面黄目眩之人食用。

小贴士

可先把桃仁炸透，等牛肉快出锅时再加入，这
样烹制出的桃仁更酥脆，口感更好。挑选牛肉时要
注意：肉皮无红点、有光泽、红色均匀的才是好牛肉。

鲜蘑烧扁豆

原料 扁豆 300 克，口蘑 100 克，大葱 10 克，
姜 4 克，食用油 102 毫升，香油 5 毫升，
料酒 20 毫升，盐 4 克，味精 2 克，清
汤 50 毫升，水淀粉 10 克

制作步骤

1 将口蘑洗净，除去杂质备用。将扁豆择洗净，
切成两段。

2 锅内放入油，烧至五成热，放入扁豆，炒
至呈碧绿色，捞出沥去油。

3 锅内放少许油，油热后放入葱姜爆香。

4 加入料酒、清汤、盐、口蘑和扁豆，小火
煨 5 分钟，加味精，用调稀的水淀粉勾芡，
淋入香油，盛入盘中即可。

○ 营养功效

　　扁豆味甘，性微温，是一种高钾低钠的食
物。此菜有健脾、和中、益气、化湿、消暑之
功效，适宜脾虚便溏、饮食减少、慢性久泄及
妇女脾虚带下、小儿疳积、感冒挟湿、急性胃
肠炎、消化不良、暑热头痛头昏、恶心、烦躁、
口渴欲饮、心腹疼痛、饮食不香之人食用。

小贴士

　　口蘑烹调前应用冷水浸泡。扁豆吃法很
多，无论采用哪种做法，一定要加热煮熟，只
有这样才能除去其所含的有毒成分凝集素和
溶血素。患寒热病者、疟疾者不可食用此菜。

生熟地煲猪尾

原料 猪尾 400 克，生地 15 克，熟地 15 克，猪
脊骨 500 克，猪小肘 200 克，蝎子 20 克，
生姜 10 克，玉竹 10 克，党参 10 克，盐适
量

制作步骤

1 将猪尾、猪小肘、猪脊骨斩件洗净。生姜洗净去
皮。生地、熟地洗净。

2 沙锅烧水，待水沸时，将猪尾、猪脊骨、猪小肘
飞水，冲净。

3 沙锅洗净，放入猪脊骨、猪小肘、猪尾、生地、
熟地、蝎子、老姜、玉竹、党参，加入适量清水，
煲 2 小时后调入盐即可。

○ 营养功效

生地味甘、苦寒，功效为清热凉血，
养阴生津，润肠。熟地味甘微温质润，既
补血滋阴，又能补精益髓。此汤能补虚，
可壮阳补肾。

小贴士

炖猪肉小诀窍：肉块要切得大些。因
为猪肉含有可溶于水的呈鲜含氮物质，炖
猪肉时释放出越多，肉汤味越浓，肉块的
香味相对减淡。

猴头菇鸡煲三宝

原料 猴头菇 150 克，老鸡 1 只，海马 15 克，
海龙、瑶柱各 10 克，姜 15 克，猪瘦肉
500 克，猪脊骨 200 克，盐 6 克

制作步骤

1 将老鸡宰杀洗净剖好。猴头菇浸水 3 小时
后切件，猪瘦肉、猪脊骨洗净切件。

2 砂锅烧水，待水沸时，将鸡肉、猪瘦肉、
猪脊骨煲净血水，捞出洗净。

3 将鸡肉、猪瘦肉、猴头菇、海龙、海马、瑶柱、
姜、猪脊骨一起放入煲内，加入清水，煲 2
小时后调入盐即可。

◯ 营养功效

猴头菇产于中国各省和西欧等地，有助消
化、利五脏、抗癌等疗效。海马和海龙有补肾
壮阳的功效。此汤对肾虚、腰膝酸软等有很好
的疗效。

> **小贴士**
>
> 人工培育的猴头菇营养成分高于野生
> 的。食用猴头菇要经过洗涤、涨发、漂洗
> 和烹制四个阶段，要使猴头菇软烂如豆腐，
> 其营养成分才能完全析出来。

当归牛尾汤

原料 当归 15 克，牛尾 1 条，牛肉 100 克，
生姜、红枣各 5 克，盐适量

制作步骤

1 将当归洗净。牛尾煺毛、刮洗干净，斩件。
牛肉洗净切块。红枣洗净。

2 用锅烧水至开后，放入牛尾、牛肉烫去表
面血渍，再捞出洗净。

3 将全部材料一起放入瓦煲，加入适量清水，
大火煮沸，改小火煲 3 小时，加盐调味即可。

○ **营养功效**

当归补血和血。牛尾补肾益血，强筋健骨。
此汤可用于治疗肾虚阳痿、肾虚腰痛、下肢酸
软乏力等症。

小贴士

牛尾应该有奶白色的脂肪和深红色的肉，
肉和骨头的比例相同。牛尾富含胶质，风味
十足，加在沙锅菜或汤肴中长时间炖煮即可
尽释美味。

蚝油甜豆牛肉

原料 甜豆250克，牛柳200克，蚝油、生抽、
淀粉、料酒、葱、盐、食用油各适量

制作步骤

1. 将甜豆择去老筋洗净，放入滚水中氽烫断
生，捞出后放入冷水中浸泡，待完全冷却
后再捞出沥干水分。

2. 牛柳切片，用生抽、淀粉、料酒抓拌均匀，
腌制10分钟。葱洗净后切成段。

3. 炒锅中倒入油，待油七成热时，放入牛肉
片滑炒八成熟，放入甜豆，调入蚝油和盐，
翻炒至熟即可。

○ 营养功效

甜豆富含维生素A、维生素C、钾、磷、
钙等，并含有比大豆蛋白还容易消化的蛋白质。
牛肉能提高机体抗病能力。此菜有暖胃、补中
益气、滋养脾胃、强健筋骨、化痰息风、止渴
止涎的功效，适用于中气下陷、气短体虚、筋
骨酸软和贫血久病及面黄目眩之人食用。

小贴士

甜豆氽烫后尽量放入冷水中浸泡，不要
省略这一步，否则就无法保持其碧绿的颜色。

栗子焖羊肉

原料 羊肉650克，胡萝卜50克，栗子300
克，桂皮、料酒、味精、红辣椒、姜蓉、
酱油、蚝油、鸡粉、糖各适量

制作步骤

1. 羊肉洗净剁块，飞水过冷后，沥干水分。

2. 先将胡萝卜一半置锅中，加入清水煮沸，
   把羊肉加入同煮15分钟，取出羊肉过冷后，
   沥干水分，胡萝卜弃去。

3. 坐锅点火，爆香姜蓉，加入羊肉炒透，下
   料酒，即把桂皮、红辣椒、糖、酱油、蚝
   油放入，沸后小火焖约1小时。

4. 羊肉炖烂后加入另一半胡萝卜及栗子，再
   焖至栗子软时，加盐、鸡粉调味即可。

○ 营养功效

此菜含有丰富的维生素C、核黄素、不饱
和脂肪酸和多种矿物质，有暖中补虚、补中益
气、开胃健身、益肾气、养肝明目的效果，适
用于风寒咳嗽、慢性气管炎、虚寒哮喘、肾亏
阳痿、腹部冷痛、体虚怕冷、腰膝酸软、面黄
肌瘦、气血两亏、病后或产后身体虚亏等虚状。

小贴士

烹制此菜时要掌握火候，要大火煮沸，
小火焖至酥烂。

蒸蒜香大虾

原料 大虾 350 克，蒜头 5 克，葱粒、红椒丝、蒜蓉、糖、生抽各适量

制作步骤

1. 大虾开边切开，去虾肠，洗净，用布吸干水分。蒜头去衣拍碎。预备葱粒和红椒丝。
2. 把汁料和蒜蓉放于锅内，调成汁备用。
3. 大虾排在碟上，把蒜蓉汁、红椒丝放在大虾上面，用保鲜纸包裹，留一开口处疏气，大火蒸几分钟取出。

○ 营养功效

虾含有丰富的蛋白质和多种维生素，能增强人体的免疫力和性功能，可补肾壮阳，抗早衰。常吃鲜虾（炒、烧、炖皆可），可治肾虚阳痿、畏寒、体倦、腰膝酸痛等病症。

小贴士

虾为发物，急性炎症和皮肤疥癣及体质过敏者不宜吃。

榨菜蒸白鳝

原料 白鳝 1 条，榨菜 30 克，葱白、姜、香菜、盐、胡椒粉、食用油、香油各适量

制作步骤

1 鳝鱼宰杀后洗净泡水片刻，取出除去滑腻、洗净抹干，斩件，加盐，胡椒粉拌匀，放置碟上。

2 榨菜用水浸透，挤干水分，切成薄片，葱白切断。将榨菜、姜片及半分量葱白分别撒在鳝鱼上，再淋上油。

3 将鳝鱼隔水蒸熟，撒上葱白及香菜，淋上香油即可。

○ **营养功效**

白鳝性味甘、平。此菜有补中益气、养血固脱、温阳益脾、去风杀虫、强精止血、滋补肝肾、祛风通络的作用。可补虚、暖肠、解毒、养颜、愈风、暖腰膝、起阳等。

小贴士

死后不新鲜的鳝鱼体内组氨酸会转变为有毒物质，所以不能吃。

葱头油淋鸡

原料 童子鸡 1 只，鲜露、姜、木鱼精、葱头、
鸡粉各适量

制作步骤

1. 将鸡宰杀洗净，吸干水分，用鸡粉均匀地把
   鸡的内外擦抹入味，置于蒸锅内隔水蒸熟。
2. 待凉后切块入盘。
3. 将葱头切片，姜切丝，泡油后撒于鸡上，再
   倒入鲜露、鸡粉、木鱼精调成的汁即可。

○ 营养功效

此菜可固精益气、生津止渴，适用于肺热
咳嗽、胃热烦渴和产后乳少等症。

小贴士

烹调此菜时，鸡要嫩，表皮要完整，不
宜过肥。蒸鸡时间要控制好，不能生也不能
过火。

首乌核桃鱼头汤

原料 首乌 15 克，核桃 25 克，鲤鱼头 1 个，
盐、醋、料酒、食用油、葱、姜各适量

制作步骤

1. 首乌、核桃洗净，装入药袋。鱼头去腮，洗净，
   剁成块状。

2. 炒锅置大火上，倒入食用油，放入鱼头、
   姜、葱翻炒均匀。上述材料一同放入沙煲，
   加适量水，炖至鱼头烂熟骨离。

3. 除去鱼骨及药袋，加盐、醋、料酒等调味
   即可。

○ 营养功效

核桃性温，味甘，具有温补肺肾、定喘润
肠的效果。此菜有补脾健胃、利水消肿、清热
解毒、止嗽下气等食疗功效，适用于脾胃虚弱、
饮食减少、食欲缺乏、脾虚水肿、小便不利、
气血不足等症。

小贴士

鲤鱼为发物，鲤鱼两侧各有一条如同细线
的筋，剖洗时应抽出去掉。恶性肿瘤、淋巴结核、
支气管哮喘、小儿疳腮、血栓闭塞性脉管炎、
荨麻疹、皮肤湿疹等疾病患者忌吃鲤鱼。

土豆牛肉汤

原料 土豆 550 克，胡萝卜、牛肉各 250 克，
洋葱 150 克，香叶 2 片，小茴香 50 克，
清汤、盐、胡椒粉、葱花、味精各适量

制作步骤

1. 洗净原料，胡萝卜去皮切花片，洋葱切丝，
土豆切块，小茴香切碎末。

2. 锅内加清汤、香叶，牛肉用中火焖熟成汤，
加胡萝卜片、葱头丝、土豆片，小火炖熟。

3. 加盐、胡椒粉、味精调味，撒上葱花即成。

○ 营养功效

土豆又称洋芋，有和中养胃、健脾益气的
功效。此菜具有理气和胃、健脾进食、温阳补
脾、提神健体、散瘀解毒的功效，可治外感风
寒无汗、鼻塞、食积纳呆、宿食不消、高血压、
高血脂、痢疾等症。

小贴士

土豆可防治大便燥结、热性胃痛、湿疹、
急慢性皮肤病、溃疡等。

木瓜烧带鱼

原料 鲜带鱼350克,生木瓜400克,葱、姜片、
醋、酱油、料酒、味精各适量

制作步骤

1. 将带鱼宰杀洗净,切成段。生木瓜洗净,
   去皮和核,切成块。

2. 将锅置于火上,加入适量清水,放入带鱼、
   木瓜块、葱、姜片、醋、盐、酱油、料酒。

3. 煮至熟时,放入味精即成。

○ 营养功效

带鱼含有多种氨基酸、不饱和脂肪酸、钙、
铁等多种营养素,有养肝、祛风、止血、暖胃
补虚、润泽肌肤功效,适宜久病体虚、头晕乏
力、食少羸瘦、营养不良之人食用。

小贴士

带鱼鳞是制造解热息痛片和抗肿瘤药物
的原料,含有多种不饱和脂肪酸,有显著的
降低胆固醇作用。患有疮、疖的人忌食带鱼。

韭菜炒鸡蛋

原料 韭菜 100 克，鸡蛋 2 只，食用油、盐各适量

制作步骤

1️⃣ 韭菜洗净切粒。鸡蛋磕破入碗，拌成蛋液。

2️⃣ 油入锅烧热，倒入蛋液煎至金黄，待用。

3️⃣ 倒入韭菜，加盐翻炒片刻即成。

○ 营养功效

韭菜又名起阳草，富含蛋白质、脂肪、钙、铁等营养成分。此菜有补肾温阳、行气理血、益肝健胃、益肠通便的功效，对便秘、寒性体虚等患者有食疗作用。

小贴士

阴虚但内火旺盛、胃肠虚弱但体内有热、溃疡病、眼疾者应慎食韭菜。韭菜忌与蜂蜜、牛肉同食。韭菜能刺激皮肤疮毒，痈疽疮肿及皮癣症、皮炎、湿毒者忌食。

黑枣炖乌鸡

原料 乌鸡1只，黑枣100克，香油35毫升，料酒10毫升，葱10克，姜5克，盐4克，味精3克

制作步骤

1. 乌鸡宰杀洗净，去杂。黑枣去核洗净。姜洗净切片。葱洗净切段。

2. 放乌鸡、黑枣、姜、葱、料酒入炖锅，加水适量，大火烧沸。

3. 再小火炖煮45分钟，加入盐、味精、香油即可。

○ 营养功效

乌鸡肉可延缓衰老、强筋健骨，对防治骨质疏松、佝偻病等有明显功效。黑枣性平，味甘，具有补脾、利水、解毒的功效，对于各种水肿、体虚、中风、肾虚等病症有显著疗效。此汤可补肾益脾、祛痰止喘等。

小贴士

黑枣营养丰富，含蛋白质、脂肪、糖类及多种维生素，多用于补血和作为调理药物。

桂圆牛肉汤

原料 牛里脊肉 250 克，桂圆肉 25 克，黄芪
10 克，豆苗、料酒、盐各适量

制作步骤

1 牛肉洗净切成薄片，用水煮成清汤。

2 煮沸后去泡沫和浮油，放入黄芪和桂圆肉，
煮至水减半即可。

3 再用料酒和盐调味，加入豆苗即可。

○ 营养功效

桂圆肉含蛋白质、脂肪、碳水化合物、钙、
磷、铁、硫胺素、核黄素等。此汤具有滋补身
体、补心安神、养血壮阳的作用。

小贴士

牛肉可选择略带筋部分，口感会更好。
桂圆、牛肉均不可久煮，否则味道欠佳。

大蒜焖鲇鱼

原料 鲇鱼 500 克，瘦肉丝 50 克，香菇丝 10 克，淀粉 30 克，炸大蒜 50 克，高汤 600 毫升，盐 3 克，味精 2 克，糖 1 克，香油 1 毫升，胡椒粉 1 克，蒜末 1 克，姜 5 克，老抽 8 毫升，料酒 15 克，葱丝 20 克，食用油 50 毫升

制作步骤

1. 将鲇鱼宰杀洗净，片取鱼肉，切块，用盐水涂抹，随即沾上淀粉。

2. 炒锅用中火烧热，下油烧至六成热，将鱼逐块放入，约炸 5 分钟，至金黄色，倒入笊篱沥去油。

3. 炒锅回放火上，下蒜末、姜、肉丝、香菇丝爆透，加料酒，下高汤、鱼块、炸大蒜、味精、盐、老抽、糖，约焖 10 分钟。

4. 撒上胡椒粉，用水淀粉调稀勾芡，淋上香油和食用油拌匀，盛在盘中，撒上葱丝即成。

○ 营养功效

鲇鱼味甘性温，有补中益阳、利小便、疗水肿等功效，含有丰富的蛋白质和矿物质等营养元素，特别适合体弱虚损、营养不良之人食用，能强筋壮骨和延年益寿。鲇鱼也是男性壮阳的首选食物之一。

小贴士

鲇鱼肉细嫩，焖上 10 分钟即熟，滑嫩鲜美。虽然鲇鱼营养丰富，但有痼疾、疮疡者慎食。此外，鲇鱼不宜与牛羊肉、牛肝、鹿肉、野猪肉、野鸡肉、荆芥同食。

洋葱牛肉

原料 牛里脊肉 450 克，洋葱半个，红辣椒 1 个，醋、糖、盐各适量

制作步骤

1 牛里脊肉洗净切片。洋葱洗净去皮切丝。红辣椒洗净切丝。将洋葱和椒丝放入锅中煸炒至熟，捞起。

2 锅中加半锅水煮沸，放入牛肉片煮至肉色变白，立即捞出浸入凉开水中，待凉捞出沥干，放在洋葱上。

3 食用前将醋、糖、盐放入小碗中调匀，淋在牛肉上即可。

○ 营养功效

洋葱具有润肠、理气和胃、健脾进食、发散风寒、温中通阳、消食化肉、提神健体、散瘀解毒的功效。洋葱与牛肉同烹，可暖中补气、补肾壮阳、健脾补胃、滋养御寒、健筋骨、增体力，能治外感风寒无汗、鼻塞、食积纳呆、宿食不消、高血压、高血脂、痢疾等症。

小贴士

煮牛肉时，将水煮沸后再下牛肉，不仅能使牛肉保存大量营养成分，而且味道也特别香。有皮肤瘙痒性疾病、患有眼疾、胃病以及肺胃发炎者少吃洋葱。洋葱所含的香辣味对眼睛有刺激作用，患有眼疾及眼部充血时，不宜切洋葱。

猪排炖黄豆芽

原料 猪肉排 500 克，黄豆芽 200 克，葱、姜、盐、味精各适量

制作步骤

1. 将猪肉排洗净切段，放入沸水中焯水，用清水洗净，放入锅中。黄豆芽整理洗净。

2. 放适量清水，加入葱、姜，大火煮沸，改用小火炖 1 小时。

3. 放黄豆芽，用大火煮沸，改用小火熬 15 分钟，加盐、味精，除去葱、姜即可。

○ 营养功效

黄豆芽含优质蛋白质、多种维生素、钙、磷、钾、镁等元素。此菜具有清热明目、补气养血、降低胆固醇、益精补血等功效，对气血不足、胃中积热、高血压、矽肺、便秘、痔疮、癌症及癫痫患者有食疗作用。

小贴士

猪排骨应煮熟，因为可能会寄生有钩绦虫。湿热痰滞内蕴、肥胖、血脂较高者不宜食用此菜。

山药香菇鸡

原料 山药 300 克，鸡腿 500 克，胡萝卜、香菇各 100 克，料酒 10 毫升，酱油 15 毫升，盐、糖各适量

制作步骤

1. 新鲜山药洗净，去皮，切厚片。胡萝卜洗净去皮，切厚片。香菇泡软，去蒂洗净。鸡腿洗净，剁小块，先氽烫过，除去血水后冲净。

2. 将鸡腿肉放锅内，加入所有调味料和清水适量，并放入香菇同煮，改小火，10 分钟后加入胡萝卜。

3. 放入山药煮熟，约 10 分钟，收至汤汁稍干即可盛出。

◯ 营养功效

山药含有淀粉酶、多酚氧化酶等成分。此菜健脾胃，益肺肾，补虚羸，可治食少便溏、虚劳、喘咳、尿频、带下、消渴等症。

小贴士

山药切片后需立即浸泡在盐水中，以防止氧化发黑。患感冒、大便燥结及肠胃积滞者忌用此菜。

图书在版编目（CIP）数据

体虚病后康复菜/犀文图书编著.— 天津：天津科技翻译出版有限公司,2014.1

ISBN 978-7-5433-3353-6

Ⅰ.①体… Ⅱ.①犀… Ⅲ.①补法－食物疗法－菜谱 Ⅳ.① R247.1 ② TS972.161

中国版本图书馆 CIP 数据核字 (2014) 第 000686 号

出　　版：天津科技翻译出版有限公司

出 版 人：刘　庆

地　　址：天津市南开区白堤路 244 号

邮政编码：300192

电　　话：（022）87894896

传　　真：（022）87895650

网　　址：www.tsttpc.com

策　　划：犀文图书

印　　刷：深圳市新视线印务有限公司

发　　行：全国新华书店

版本记录：710×1000　16 开本　10 印张　100 千字
　　　　　2014 年 1 月第 1 版　2014 年 1 月第 1 次印刷
　　　　　定价：29.80 元

（如发现印装问题，可与出版社调换）

犀文图书敬告：本书在编写过程中参阅和使用了一些文献资料。由于联系上的困难，我们未能和作者取得联系，在此表示歉意。请作者见到本书后及时与我们联系，以便我们按照国家规定支付稿酬。

电话：（020）61297659